外观设计国际注册实务

The International Registration of Industrial Designs in Practice

刘 悦 主 编
严若菡 副主编

知识产权出版社
全国百佳图书出版单位

图书在版编目（CIP）数据

外观设计国际注册实务/刘悦主编．—北京：知识产权出版社，2024.3
ISBN 978-7-5130-8609-7

Ⅰ.①外…　Ⅱ.①刘…　Ⅲ.①外观设计—专利申请—世界　Ⅳ.①G306.3

中国国家版本馆 CIP 数据核字（2023）第 000914 号

内容提要

本书通过条文解读、实务操作及案例评析等内容，全面介绍了外观设计国际注册海牙体系的运行规则和主要流程，从实务操作的角度分析了《海牙协定》主要缔约方在法律法规中的特殊规定，以及指定不同缔约方的国际注册的案例。本书为我国用户熟练掌握海牙体系，充分利用海牙体系的优势对外观设计领域的创新进行保护提供有效信息和清晰指引。

责任编辑：程足芬　　**责任校对**：谷　洋

封面设计：钱麒飞　　**责任印制**：刘译文

外观设计国际注册实务

主　编　刘　悦

副主编　严若菡

出版发行：知识产权出版社有限责任公司　　**网　　址**：http://www.ipph.cn

社　　址：北京市海淀区气象路 50 号院　　**邮　　编**：100081

责编电话：010-82000860 转 8390　　**责编邮箱**：chengzufen@qq.com

发行电话：010-82000860 转 8101/8102　　**发行传真**：010-82000893/82005070/82000270

印　　刷：三河市国英印务有限公司　　**经　　销**：新华书店、各大网上书店及相关专业书店

开　　本：720mm×1000mm　1/16　　**印　　张**：11.5

版　　次：2024 年 3 月第 1 版　　**印　　次**：2024 年 3 月第 1 次印刷

字　　数：177 千字　　**定　　价**：68.00 元

ISBN 978-7-5130-8609-7

前言

近年来，全球外观设计领域的优秀设计不断涌现，外观设计的保护需求也呈上升趋势。《工业品外观设计国际注册海牙协定》（以下简称《海牙协定》）是外观设计领域知识产权保护的国际条约，于 2022 年 5 月 5 日在我国正式生效。我国加入《海牙协定》，既回应了我国创新主体的需求，也为国内外创新主体的外观设计国际保护开通了“便捷通道”，使我国迅速成为全球外观设计国际申请量增长的主要驱动力。

海牙体系为创新主体提供了一种简捷高效的外观设计国际注册程序，申请人只需要向 WIPO 国际局提交一份国际申请、使用一种语言、支付一种货币，就可以在多个缔约方申请外观设计的保护，这种申请方式显著降低了企业在产品全球化布局过程中的外观设计注册成本，大幅提升了注册效率。国际申请注册后，注册人还可以通过 WIPO 国际局统一进行变更、续展等后续管理，只需向 WIPO 国际局提交一份请求，即可在所有指定缔约方生效，极大方便了注册人对外观设计权利的集中化管理。值得关注的是，《海牙协定》只是简化了外观设计国际申请的注册和管理程序，外观设计要想在指定缔约方的领土范围内获得保护，还需要符合缔约方法律规定的授权条件。尽管缔约方主管局不能以国际注册的形式或内容不满足缔约方法律规定为由发出驳回通知，但当国际注册不符合该缔约方法律规定的给予保护的条件时，主管局仍可以部分或者全部驳回该国际注册。海牙体系各缔约方的实质性授权条件存在一定差异，部分缔约方为此还作出了某些特殊的声明。创新主体如能熟练掌握海牙体系的运用技巧，深入了解各缔约方的特殊法律规定，即可充分利用海牙体系的优势对外观设计领域的创新进行保护。

本书通过条文解读、案例分析及流程概览等内容，全面介绍了海牙体系的规则和主要流程，分析了《海牙协定》主要缔约方的特殊规定。希望本书的出版，能够帮助国内外创新主体更好地保护自己的创新创意，并为全球工业领域贡献更多的优秀设计，助力中国设计、中国制造走向世界。

本书由国家知识产权局专利局外观设计审查部组织编写，中国贸促会专利商标事务所、汉坤律师事务所、北京小米移动软件公司以及联想集团的各位同事共同参与完成，在此一并致以衷心的感谢！

受水平和能力所限，本书难免存在不足和疏漏之处，恳请广大读者批评指正。

编委会

2024 年 3 月

目录

第一章 外观设计国际注册概述

第一节 《海牙协定》与海牙体系

《工业品外观设计国际注册海牙协定》（以下简称《海牙协定》）是适用于工业设计领域的国际知识产权协定，是世界知识产权组织（以下简称WIPO）管理的工业产权领域国际合作三大体系之一。基于《海牙协定》，WIPO构建了工业品外观设计国际注册体系（以下简称海牙体系）。

一、《海牙协定》的基本情况

《海牙协定》主要由海牙（1960年）文本❶和日内瓦（1999年）文本❷组成，并由1960年的海牙文本议定书和1967年的斯德哥尔摩补充议定书补充完备。❸

《海牙协定》的1960年文本和1999年文本都是完整的国际条约，两个文本自成体系，彼此之间完全独立。依据《海牙协定》1960年文本和1999年文本的规定，提交外观设计国际注册申请（以下简称国际申请）的申请资格限于在至少一个《海牙协定》的缔约方有真实有效的工商业营业所、住所、经常居所的自然人或者法律实体，或者是作为缔约方的国家的国民，或者是作为缔约方的政府间组织的成员国的国民。❹ 其中，1999年文本还允许在缔约方有经常居所的申请人提交国际申请。多个申请人（无论是自然人还是法人）可以联合提交一件国际申请，条件是每个申请人通过符合同一文本规定的缔约方享有申请资格。每个申请人的缔约方可以不同，其享有申请资格的性质（国籍、住所、经常居所或者工商业营业所）也可以不同。

---

❶ 海牙（1960年）文本，1960年11月28日通过，1984年8月1日生效。

❷ 日内瓦（1999年）文本，1999年7月2日通过，2003年12月23日生效。

❸ 《海牙协定》1934年文本已于2010年1月1日正式冻结。该文本下的所有活动将逐渐减少，并将于2024年12月31日终结。

❹ “国民”“住所”“经常居所”以及“真实有效的工商业营业所”的含义完全由各缔约方法律确定。

对于潜在的缔约方而言，1960 年文本和 1999 年文本主要在某些程序上的规定有所不同。例如，一个国家要成为 1960 年文本的缔约方，就必须是受《保护工业产权巴黎公约》（以下简称《巴黎公约》）约束的国家，而一个国家要成为 1999 年文本的缔约方，就必须是《建立世界知识产权组织公约》的成员。政府间组织不能成为 1960 年文本的缔约方，但其能够作为一个公共机构加入 1999 年文本，例如欧盟知识产权局和非洲知识产权组织。根据申请人所在地或者居住地，或者请求保护的国家所对应的文本，国际申请可以适用任一文本或者两个文本。

二、海牙体系的基本情况

海牙体系的主要优势在于建立统一的申请标准，简化申请程序，降低申请的时间和各种费用成本。经过多次完善，海牙体系已形成了一个专门用于简化国家和政府间组织外观设计注册及维持程序的有效国际机制。

概括来说，申请人只需要使用一种语言，通过海牙体系向一个机构（即 WIPO 国际局）提交一件国际申请，就可以在指定的多个国家和政府间组织申请获得外观设计保护，而不必在其寻求保护的每个缔约方提交单独的国家申请。这种机制避免了由于缔约方之间申请程序的不同而给申请人带来的困难，在整个流程中统一使用瑞士法郎缴纳费用也简化了相关事务。同时，通过一件外观设计国际注册（以下简称国际注册）在多个缔约方产生法律效力，使得权利人对其所获得保护的外观设计的管理也更加便捷。

海牙体系与《巴黎公约》相比，两个体系在申请程序、注册及续展和管理方式等方面存在明显区别。在申请程序方面，申请人只需通过海牙体系向 WIPO 国际局提交一件国际申请，并指定特定的缔约方即可达到寻求外观设计保护的目的。如果申请人通过《巴黎公约》途径寻求外观设计保护，则需要分别向希望获得保护的国家或者地区的知识产权局提交申请。在注册及续展方面，申请人只需要选择海牙体系工作语言（英语、法语和西班牙语）中的一种，使用单一货币（瑞士法郎）即可缴纳国际注册及续展所需的费用，而且在国际程序中，申请人无须委托代理。但如果申请人通过《巴黎公约》途径分别向不同国家或者地区单独提交申请，则要求其熟悉不同国家的语言、法律，使用不同的货币，且可能需要在该国委托具有资质的代理人。在管理方式上，申请人只需向 WIPO 国际局提交申请并指定相应的缔约方，即可以通过海牙体系对国际注册所获权利进行续展以及变更。而对于通过《巴黎公约》途径获得保护的外观设计，权利人需要向各国或者地区的知识产权局单独提交续展或者变更的请求，由不同的知识产权局对后续的流程分别进行管理。

除此之外，海牙体系允许国际注册延迟公布。❶ 在延迟公布期间，注册人可以对外观设计产品做充分的市场考察调研，从而决定国际注册是否在这些被指定的缔约方寻求保护。这种方式既可以为注册人节省不必要的费用，❷ 也可以最大化发挥外观设计在商业战略中的作用。

第二节 《海牙协定》的缔约方

潜在缔约方（政府间组织除外）可以决定成为任一文本或者两个文本的缔约方。尽管 1960 年文本仍对《巴黎公约》的成员国开放，但 WIPO 鼓励潜在缔约方的政府加入更有优势的 1999 年文本。

一、缔约方名单及加入时间

截至 2024 年 3 月 22 日，海牙体系共有 79 个缔约方，涵盖 96 个国家，具体的缔约方情况如表 1-1 所示。

---

❶ 根据 1960 年文本的规定，申请人可选择的最长延迟公布期限是国际注册日后十二个月。根据 1999 年文本的规定，原则上每个缔约方所允许的延迟期限为三十个月。

❷ 在延迟公布的情况下，申请人不需要在提交国际申请时缴纳公布费。

表 1-1 《海牙协定》缔约方

国家/政府间组织	国家/政府间组织成为《海牙协定》缔约方的日期（年/月/日）	国家成为海牙文本缔约方的日期（年/月/日）	国家成为斯德哥尔摩补充议定书缔约方的日期（年/月/日）	国家/政府间组织成为日内瓦文本缔约方的日期（年/月/日）
非洲知识产权组织（OAPI）	2008/09/16	—	—	2008/09/16
阿尔巴尼亚	2007/03/19	2007/03/19	2007/03/19	2007/05/19
亚美尼亚	2007/07/13	—	—	2007/07/13
阿塞拜疆	2010/12/08	—	—	2010/12/08
白俄罗斯	2021/07/19	—	—	2021/07/19
比利时①	1979/04/01	1984/08/01	1979/05/28	2018/12/18
伯利兹	2003/07/12	2003/07/12	2003/07/12	2019/02/09
贝宁	1986/11/02	1986/11/02	1987/01/02	—
波斯尼亚和黑塞哥维那	2008/12/24	—	—	2008/12/24
博茨瓦纳	2006/12/05	—	—	2006/12/05
巴西	2023/08/01	—	—	2023/08/01
文莱	2013/12/24	—	—	2013/12/24
保加利亚	1996/12/11	1996/12/11	1996/12/11	2008/10/07
柬埔寨	2017/02/25	—	—	2017/02/25
加拿大	2018/11/05	—	—	2018/11/05
中国②	2022/05/05	—	—	2022/05/05
科特迪瓦	1993/05/30	1993/05/30	1993/05/30	—
克罗地亚	2004/02/12	2004/02/12	2004/02/12	2004/04/12
朝鲜	1992/05/27	1992/05/27	1992/05/27	2016/09/13
丹麦	2008/12/09	—	—	2008/12/09③
埃及	1952/07/01	—	—	2004/08/27
爱沙尼亚	2003/12/23	—	—	2003/12/23
欧盟	2008/01/01	—	—	2008/01/01
芬兰	2011/05/01	—	—	2011/05/01
法国④	1930/10/20	1984/08/01	1975/09/27	2007/03/18

续表

国家/政府间组织	国家/政府间组织成为《海牙协定》缔约方的日期（年/月/日）	国家成为海牙文本缔约方的日期（年/月/日）	国家成为斯德哥尔摩补充议定书缔约方的日期（年/月/日）	国家/政府间组织成为日内瓦文本缔约方的日期（年/月/日）
加蓬	2003/08/18	2003/08/18	2003/08/18	—
格鲁吉亚	2003/08/01	2003/08/01	2003/08/01	2003/12/23
德国	1928/06/01	1984/08/01	1975/09/27	2010/02/13
加纳	2008/09/16	—	—	2008/09/16
希腊	1997/04/18	1997/04/18	1997/04/18	2024/02/13
匈牙利⑤	1984/04/07	1984/08/01	1984/04/07	2004/05/01
冰岛	2003/12/23	—	—	2003/12/23
以色列	2020/01/03	—	—	2020/01/03
意大利	1987/06/13	1987/06/13	1987/08/13	2024/03/14
牙买加	2022/02/10	—	—	2022/02/10
日本	2015/05/13	—	—	2015/05/13
吉尔吉斯斯坦	2003/03/17	2003/03/17	2003/03/17	2003/12/23
拉脱维亚	2005/07/26	—	—	2005/07/26
列支敦士登	1933/07/14	1984/08/01	1975/09/27	2003/12/23
立陶宛	2008/09/26	—	—	2008/09/26
卢森堡①	1979/04/01	1984/08/01	1979/05/28	2018/12/18
马里	2006/09/07	2006/09/07	2006/09/07	—
毛里求斯	2023/05/06	—	—	2023/05/06
墨西哥	2020/06/06	—	—	2020/06/06
摩纳哥	1956/04/29	1984/08/01	1975/09/27	2011/06/09
蒙古	1997/04/12	1997/04/12	1997/04/12	2008/01/19
黑山	2006/06/03	2006/06/03	2006/06/03	2012/03/05
摩洛哥	1930/10/20	1999/10/13	1999/10/13	2022/07/22
纳米比亚	2004/06/30	—	—	2004/06/30
荷兰①	1979/04/01	1984/08/01⑥	1979/05/28⑥	2018/12/18⑥
尼日尔	2004/09/20	2004/09/20	2004/09/20	—

续表

国家/政府间组织	国家/政府间组织成为《海牙协定》缔约方的日期（年/月/日）	国家成为海牙文本缔约方的日期（年/月/日）	国家成为斯德哥尔摩补充议定书缔约方的日期（年/月/日）	国家/政府间组织成为日内瓦文本缔约方的日期（年/月/日）
北马其顿	1997/03/18	1997/03/18	1997/03/18	2006/03/22
挪威	2010/06/17	—	—	2010/06/17
阿曼	2009/03/04	—	—	2009/03/04
波兰	2009/07/02	—	—	2009/07/02
韩国	2014/07/01	—	—	2014/07/01
摩尔多瓦	1994/03/14	1994/03/14	1994/03/14	2003/12/23
罗马尼亚	1992/07/18	1992/07/18	1992/07/18	2003/12/23
俄罗斯	2018/02/28	—	—	2018/02/28
卢旺达	2011/08/31	—	—	2011/08/31
萨摩亚	2020/01/02	—	—	2020/01/02
圣马力诺	2019/01/26	—	—	2019/01/26
圣多美和普林西比	2008/12/08	—	—	2008/12/08
塞内加尔	1984/06/30	1984/08/01	1984/06/30	—
塞尔维亚⑦	1993/12/30	1993/12/30	1993/12/30	2009/12/09
新加坡	2005/04/17	—	—	2005/04/17
斯洛文尼亚	1995/01/13	1995/01/13	1995/01/13	2003/12/23
西班牙	1928/06/01	—	—	2003/12/23
苏里南	1975/11/25	1984/08/01	1977/02/23	2020/09/10
瑞士	1928/06/01	1984/08/01	1975/09/27	2003/12/23
叙利亚	2008/05/07	—	—	2008/05/07
塔吉克斯坦	2012/03/21	—	—	2012/03/21
突尼斯	1930/10/20	—	—	2012/06/13
土耳其	2005/01/01	—	—	2005/01/01
土库曼斯坦	2016/03/16	—	—	2016/03/16
乌克兰	2002/08/28	2002/08/28	2002/08/28	2003/12/23
英国⑧⑨	2018/06/13	—	—	2018/06/13

续表

国家/政府间组织	国家/政府间组织成为《海牙协定》缔约方的日期（年/月/日）	国家成为海牙文本缔约方的日期（年/月/日）	国家成为斯德哥尔摩补充议定书缔约方的日期（年/月/日）	国家/政府间组织成为日内瓦文本缔约方的日期（年/月/日）
美国	2015/05/13	—	—	2015/05/13
越南	2019/12/30	—	—	2019/12/30
合计	79	34	34	73

①比利时、卢森堡和荷兰在欧洲的领土被视为单一地区适用《海牙协定》。

②1999 年文本不适用于中国香港和中国澳门。

③截至 2011 年 1 月 11 日适用格陵兰岛，截至 2016 年 4 月 13 日适用法罗群岛。

④包括所有海外行政区和领土。

⑤匈牙利声明其不受 1960 年文本所附议定书的约束。自 2005 年 2 月 1 日起，1934 年文本对匈牙利失效。

⑥批准荷兰在欧洲的部分加入。

⑦自 2006 年 6 月 3 日起，塞尔维亚继承塞尔维亚和黑山的国际法主体地位。

⑧涉及大不列颠及北爱尔兰联合王国和马恩岛。

⑨自 2021 年 3 月 23 日起，英国将 1999 年文本的适用范围扩大到格恩西岛的贝利威克。

二、我国加入海牙体系的进程

（一）研究和探索阶段

2005 年起，国家知识产权局开始关注海牙体系的发展进程，并设立课题对我国加入海牙体系的可行性进行了初步研究。同年 11 月，WIPO 联合国家知识产权局就“外观设计国际注册海牙体系及其与中国的关系”在北京召开了首次海牙体系研讨会。

2006 年 3 月，国家知识产权局召开了局长办公会，会议决定成立“海牙协定工作小组”。该工作组由多个职能司和业务部门组成，小组成员对我国加入《海牙协定》的可行性、申报程序和后续工作等开展了细致的研究。6 月，WIPO 与国家知识产权局再次举行了海牙体系研讨会，WIPO 官员以及国外企业代表在本次研讨会上介绍了海牙体系的运行情况。7 月，“海牙协定工作小组”就我国加入《海牙协定》的利弊、时机、可行性的分析结论，以及《海牙协定》与我国现行外观设计制度的衔接等研究成果向国家知识产权局党组做了汇报。

2007 年 3 月，国家知识产权局在局长办公会议上部署了对《海牙协定》的下一步研究计划。基于前期研究成果，会议决定对《海牙协定》的进一步研究主要采取实证的方式，调研我国加入《海牙协定》可能对国内企业带来的影响。本次实证研究覆盖了全国 28 个省、市、自治区，对申请人通过《巴黎公约》途径与海牙体系途径提交外观设计申请的缴费情况进行了比较，对我国涉及外观设计专利的出口数据进行了分析。根据我国当时的经济发展状况，研究报告建议我国暂不考虑加入《海牙协定》。

随着 2008 年全球经济危机的出现以及我国转变经济发展方式战略的实施，外观设计在全球经济竞争中的作用开始突显。2010 年 2 月，国家知识产权局再次启动了我国加入《海牙协定》的研究工作。鉴于前期已做了大量的研究工作，以推动我国加入《海牙协定》为努力方向，此次研究的重点是找出当时我国加入《海牙协定》存在的困难和障碍，提出积极的解决方案，确定我国加入海牙体系的进程时间表。

从 2010 年起，国家知识产权局与 WIPO 建立了联系人制度。国家知识产权局代表与 WIPO 专家通过书面沟通、国际会议、国际论坛等方式，在工作层面就我国加入海牙体系存在的法律问题和技术问题进行了多次非正式磋商。通过双方的充分交流，国家知识产权局深入了解了海牙体系的运行方式，明确了我国加入该体系的主要障碍，充分表达了我国加入《海牙协定》的诉求。

（二）磋商和发展阶段

2011 年 11 月，国家知识产权局召开局党组会，会议决定正式启动我国加入《海牙协定》的相关磋商工作。2011 年至 2012 年间，国家知识产权局与 WIPO 共进行了三轮正式谈判。经过三轮磋商，我国加入《海牙协定》的谈判局势已经基本明朗，我国所关心的核心问题均取得了实质性进展。

2012 年 5 月，国家知识产权局原副局长李玉光与 WIPO 原总干事弗朗西斯 · 高锐在日内瓦签署了《中华人民共和国国家知识产权局与 WIPO 就中华人民共和国拟加入〈工业品外观设计国际注册海牙协定〉有关问题的谅解备忘录》，对双方前期通过磋商达成的一系列共识予以确认。WIPO 在谅解备忘录中承认国家知识产权局为该协定框架下的“审查局”。

至此，国家知识产权局与 WIPO 的正式磋商告一段落。国家知识产权局随后建立了四个工作组，负责我国加入《海牙协定》的各项准备工作。2012 年 12 月，国家知识产权局函请外交部就加入《海牙协定》征求香港和澳门特别行政区的意见。[1]

2013 年 8 月底，国家知识产权局开始起草我国加入《海牙协定》的相关报批材料。11 月，国家知识产权局提交了关于我国加入《海牙协定》的请示，报请国务院审核。鉴于《专利法》的修改已经提上日程，国务院原法制办建议我国在《专利法》修改后再加入海牙体系，从而克服我国加入《海牙协定》存在的法律障碍。[2]

截至 2014 年 5 月，国家知识产权局的四个工作组在各自负责的领域中均取得了一定的成果，但由于《专利法修订草案（送审稿）》未通过国务院审议，我国加入海牙体系的国内报批程序也暂时停滞。随后，根据国务院原法制办的意见和国家知识产权局的工作调整，国家知识产权局将工作重点转移到上报新的《专利法修订草案（送审稿）》，以期在延长外观设计保护期限后再推进我国加入海牙体系的相关工作。

（三）实质推进阶段

应国家知识产权局邀请，WIPO 专家于 2018 年 1 月访问了国家知识产权局，并与国家知识产权局重启关于我国加入《海牙协定》的工作磋商。这是双方进行的第四轮工作磋商，国家知识产权局与 WIPO 继续就指定中国的国际申请的费用减缓、引入中文为工作语言等问题进行了深入沟通。此轮磋商标志着我国加入《海牙协定》的工作进入了实质推进阶段。同年 12 月，WIPO 专家再次访问国家知识产权局，双方就我国加入《海牙协定》的相关议题进行了工作磋商，对双方在前期谈判以及非正式磋商中达成共识的业务问题

---

[1] 澳门特别行政区和香港特别行政区先后回复，明确《海牙协定》不适用于中国澳门和中国香港。

[2] 2013 年 1 月，国家知识产权局向国务院上报《专利法修订草案（送审稿）》（包括外观设计保护期限延长至十五年的条款）。

进行了确认。

经过2018年的两轮工作磋商，国家知识产权局与WIPO达成诸多共识，我国关注的重点问题均已得到妥善解决，这为国家知识产权局开展后续工作打下了坚实的基础。关于在海牙体系扩展语言机制的问题，国家知识产权局与WIPO均认为有必要随着海牙体系自身的发展开展相关工作，从而满足更多海牙用户的需求。但双方也认识到扩展语言机制具有复杂性，将中文引入工作语言需要一个较长的过程。

2019年初，随着第四次《专利法》修改工作的顺利推进，[1]为尽早实现我国加入《海牙协定》的目标，国家知识产权局建立和完善了关于加入《海牙协定》的局内工作机制，成立了由申长雨局长任组长的领导小组。领导小组下设五个工作组，负责国家知识产权局加入《海牙协定》的各项具体准备与落实工作。

为做好加入《海牙协定》的准备工作，国家知识产权局在2019年初再次向外交部发函，向香港和澳门特别行政区政府征询我国加入《海牙协定》是否适用于香港和澳门特别行政区。[2]到2020年底，经过各工作组的努力，国家知识产权局完成了适应我国加入《海牙协定》的《专利法实施细则》海牙专章和审查业务方案的拟定稿。

（四）正式加入阶段

2021年6月1日，《专利法》（2020年修正）正式实施。此次《专利法》的修改进一步完善了我国外观设计专利保护的相关制度，将外观设计专利的保护期限延长至十五年。在此期间，包括《专利法实施细则》海牙专章在内的修改工作也在顺利推进。

《专利法》（2020年修正）实施后，我国加入《海牙协定》已不存在法律制度障碍。国家知识产权局正式启动了我国加入《海牙协定》的国内报批程序。2022年2月5日，我国政府向WIPO交存了《海牙协定》1999年文本的

---

[1] 2018年12月5日，《中华人民共和国专利法修正案（草案）》经国务院常务会议审议通过。同年12月23日，十三届全国人大常委会第七次会议对草案进行了第一次审议。

[2] 香港特别行政区和澳门特别行政区先后回复，明确《海牙协定》不适用于中国香港和中国澳门。

加入书。我国成为1999年文本的第68个缔约方和海牙联盟的第77个成员。《海牙协定》1999年文本于2022年5月5日在我国生效。

在《专利法实施细则》（2023年修订）实施前，为确保《海牙协定》在我国的顺利实施，回应国内外创新主体的保护需求，国家知识产权局发布了《关于加入〈海牙协定〉后相关业务处理暂行办法的公告》（第511号）。2023年11月3日，国务院常务会议审议通过了《专利法实施细则（修正草案）》。《专利法实施细则》（2023年修订）于2024年1月20日实施，在修改内容中新增了外观设计国际申请的特别规定，加强了与《海牙协定》的衔接。

三、其他主要缔约方的加入过程

如表1-1所示，欧盟、韩国、美国、日本、俄罗斯等国家或者地区均已加入海牙体系。英国脱欧后也重新加入海牙体系。

（一）欧盟

欧盟于2007年9月24日向WIPO交存了加入书，并于2008年1月1日正式加入《海牙协定》1999年文本。[1]

为加入海牙体系，欧盟在《共同体外观设计条例》中增加了第十一a章“外观设计的国际注册”[2]。同时，欧盟对相关的实施细则和收费细则进行了修改。根据第106a条的规定，若第十一a章没有另行规定，则《共同体外观设计条例》以及按照第109条通过的相关条例均适用于根据《海牙协定》1999年文本提交并指定欧盟的外观设计。通过提交国际申请指定欧盟的国际注册应与在欧盟注册的外观设计具有同等效力，在《国际外观设计公报》（以下简称《国际公报》）上公布的外观设计应与欧盟公布的外观设计具有同等效力。

（二）韩国

韩国特许厅于2014年3月31日向WIPO交存了加入书，正式加入海牙体

[1] 欧盟外观设计包括注册外观设计与非注册外观设计，通过海牙体系指定欧盟的外观设计仅涉及注册外观设计。

[2] 通过2006年12月18日欧盟委员会第1891/2006号条例补充。该条例于2008年1月1日生效。

系，成为《海牙协定》1999 年文本的缔约方。按照有关规定，《海牙协定》于 2014 年 7 月 1 日在韩国生效。

为了适应海牙体系的相关规定，韩国修改了《外观设计法》，并在外观设计审查指南第五部分（一般审查）第十三章“国际外观设计审查标准特例”中对国际申请的提交资格、提交手续、撤回和放弃、驳回理由、公告和采用洛迦诺分类等方面作出了相应修改，放宽了优先权副本和不丧失新颖性宽限期证明文件的提交时限。

（三）美国

美国前总统奥巴马于 2012 年 12 月 18 日签署了《2012 年专利法条约实施法案》。《2012 年专利法条约实施法案》第一编中规定了实施《海牙协定》1999 年文本的相关条款。2015 年 2 月 13 日，美国向 WIPO 交存了批准书，《海牙协定》于 2015 年 5 月 13 日在美国生效。

《美国法典》中新增了第五部分第三十八章“外观设计国际申请”，对国际申请的提交方式、效力、救济等作出了规定，同时规定了国际申请强制提交的内容、不得延迟公布等情况。此外，在 2015 年 5 月 13 日或者之后提交的国际申请所产生的美国外观设计专利的有效期为授权之日起十五年。

（四）日本

日本于 2015 年 2 月 13 日向 WIPO 交存了加入书，成为《海牙协定》1999 年文本的缔约方。《海牙协定》于 2015 年 5 月 13 日在日本正式生效。

为了适应海牙体系的相关规定，日本《外观设计法》增加了第六章第二部分“基于海牙协定日内瓦文本的特别规定”，主要在单一性的审查、国内再次公告和国内登记簿等方面作出了相应修改，并对关联设计、保密审查、公布的效力、放弃等情况作了特别规定。

（五）俄罗斯

2017 年 4 月 3 日，俄罗斯联邦委员会通过了批准《工业品外观设计国际注册海牙协定（日内瓦文本）》的第 55 号联邦法，该法于 2017 年 4 月 4 日正式公布，2017 年 10 月 2 日生效。2017 年 11 月 30 日，俄罗斯向 WIPO 交存了批准书，《海牙协定》于 2018 年 2 月 28 日起在俄罗斯正式生效。

加入《海牙协定》之后，为适应海牙体系的相关规定，俄罗斯对与外观设计国际申请相关的授权条件、临时保护、向外国和国际组织提交专利申请、认定无效等条款进行了补充和修订。

（六）英国

英国于 2018 年 3 月 13 日向 WIPO 交存了批准书，《海牙协定》于 2018 年 6 月 13 日在英国生效。

如果国际申请在过渡期结束前已在欧盟受到保护，则该外观设计的原权利将自动延伸到英国。脱欧过渡期结束后，[1] 从 2021 年 2 月 1 日起，国际申请指定欧盟时不再产生延及英国的效力。

第三节 缔约方声明

海牙体系允许缔约方就国际注册的具体要求作出某些声明，以确保海牙体系的国际程序机制能够满足其国内法律的要求。

缔约方可以在交存加入书或者批准书之时提交声明，也可以在交存加入书或者批准书之后提交声明。声明随加入书或者批准书一并提交的，自缔约方受《海牙协定》约束之日起生效。声明在交存之后再行提交的，于 WIPO 总干事收到声明之日起三个月生效，或者于该声明中所指明的任何更晚日期生效。此外，凡是在加入书或者批准书交存之后再行提交的声明，仅适用于注册日同于或者晚于声明生效日的国际注册。

一、强制性声明

《海牙协定》1999 年文本规定，国际注册的保护期为首期五年，可以以

[1] 英国从 2020 年 1 月 31 日起正式脱离欧盟。

五年为期续展两次。[1] 因此，1999 年文本的缔约方必须提供的最短保护期为十五年。如果缔约方国内法规定的保护期长于十五年，那么国际注册在该缔约方可以以五年为期再次续展，直至在该缔约方的总保护期届满为止。缔约方加入 1999 年文本时，必须向 WIPO 总干事通知其法律所规定的最长保护期。

在某些情况下，缔约方的强制性声明还包括：

按 1999 年文本的规定，每个缔约方一般均被假定允许从申请日起最长三十个月的延迟公布期限（提出优先权要求的，从有关申请的优先权日起算）。[2] 如果加入 1999 年文本的缔约方的法律对延迟公布外观设计所规定的期限短于三十个月，该缔约方必须以声明的形式将可允许的延迟期限通知 WIPO 总干事。

如果受 1999 年文本约束的缔约方的法律规定，不得延迟公布外观设计，该缔约方必须以声明的形式将这一事实通知 WIPO 总干事。

二、可选的声明

缔约方可选的声明包括：国际申请的必要内容；单独指定费或者适用标准指定费等级；外观设计单一性；禁止自我指定；所有权变更生效；几个国家的共同局；申请人、设计人的要求；关于视图的规定；保密审查；保护的驳回及生效日期。上述有些声明仅对作为"审查局"[3] 的缔约方主管局开放。

三、缔约方声明一览表

如表 1-2 所示，WIPO 网站提供了缔约方根据 1999 年文本和《共同实施细则》所作声明的一览表。

---

[1] 《海牙协定》1999 年文本第 17 条第（1）款和第（2）款。

[2] 《〈海牙协定〉1999 年文本和 1960 年文本共同实施细则》（以下简称《共同实施细则》）第 16 条第（1）款（a）项。

[3] 根据 1999 年文本的规定，缔约方的主管局要成为"审查局"，其必须依职权检索符合法定新颖性条件的在先设计。

表 1-2 《海牙协定》缔约方声明一览表❶

主题	说明	依据 （1999 年文本、《共同实施细则》）	缔约方
国际申请的附加必要内容	简要说明书	1999 年文本第 5 条第（2）款（b）项第（ii）目	中国、罗马尼亚、叙利亚、越南
	权利要求书	1999 年文本第 5 条第（2）款（b）项第（iii）目	美国、越南
	设计人的身份	1999 年文本第 5 条第（2）款（b）项第（i）目	罗马尼亚
	关于设计人的特别要求	《共同实施细则》第 8 条第（1）款（a）项第（i）目	巴西、芬兰、加纳、匈牙利、冰岛、毛里求斯、墨西哥
	设计人的宣誓或者声明	《共同实施细则》第 8 条第（1）款（a）项第（ii）目	美国
申请人的缔约方	禁止通过主管局提交国际申请	1999 年文本第 4 条（1）款（b）项	非洲知识产权组织、白俄罗斯、伯利兹、比荷卢、巴西、加拿大、克罗地亚、欧盟、法国、以色列、拉脱维亚、摩纳哥、黑山、北马其顿、圣马力诺、斯洛文尼亚、乌克兰、英国
	禁止自我指定	1999 年文本第 14 条（3）款（a）项	无
国际注册的生效日期	最多延期六个月	《共同实施细则》第 18 条第（1）款（c）项第（i）目	中国、墨西哥、俄罗斯、美国
	根据国内法律（预防性条款）	《共同实施细则》第 18 条第（1）款（c）项第（ii）目	中国、牙买加、日本、韩国、美国

❶ WIPO 国际局于 2023 年 8 月发布。

续表

主题	说明	依据 （1999年文本、《共同实施细则》）	缔约方
延迟公布	自优先权日起三十个月以内的延迟公布期限	1999年文本第11条第（1）款（a）项	六个月：丹麦、芬兰、以色列*、挪威 十二个月：非洲知识产权组织、伯利兹、比荷卢、文莱、柬埔寨、克罗地亚、爱沙尼亚、牙买加、萨摩亚、斯洛文尼亚、苏里南、叙利亚、英国* 十八个月：新加坡*
	不得延迟公布	1999年文本第11条第（1）款（b）项	白俄罗斯、巴西、匈牙利、冰岛、墨西哥、摩纳哥、波兰、俄罗斯、乌克兰、美国、越南
指定费	标准指定费等级	《共同实施细则》第12条第（1）款（c）项第（i）目	二级：亚美尼亚、白俄罗斯、巴西、保加利亚、柬埔寨、克罗地亚、丹麦、爱沙尼亚、德国、拉脱维亚、毛里求斯、摩洛哥、挪威、波兰、瑞士、突尼斯、乌克兰 三级：文莱、朝鲜、芬兰、格鲁吉亚、加纳、冰岛、牙买加、立陶宛、纳米比亚、韩国、罗马尼亚、塞尔维亚、叙利亚、塔吉克斯坦、越南
	根据1960年文本进行指定的单独指定费	《共同实施细则》第36条第（1）款	匈牙利、吉尔吉斯斯坦、摩尔多瓦

续表

主题	说明	依据 （1999 年文本、《共同实施细则》）	缔约方
指定费	根据 1999 年文本进行指定的单独指定费和根据 1999 年文本请求续展的单独指定费	1999 年文本第 7 条第（2）款	非洲知识产权组织、加拿大、中国、欧盟、匈牙利、以色列、日本、吉尔吉斯斯坦、墨西哥、韩国、摩尔多瓦、俄罗斯、土库曼斯坦、美国
	分两部分缴纳单独指定费	《共同实施细则》第 12 条第（3）款	墨西哥、美国
外观设计/复制件	外观设计的单一性要求	1999 年文本第 13 条第（1）款	巴西、中国、爱沙尼亚、吉尔吉斯斯坦、墨西哥、罗马尼亚、俄罗斯、叙利亚、塔吉克斯坦、美国、越南
	要求提供的外观设计特定视图	《共同实施细则》第 9 条第（3）款（a）项	中国、韩国、越南
驳回	驳回期限延长至十二个月	《共同实施细则》第 18 条第（1）款（b）项	加拿大、中国、朝鲜、芬兰、冰岛、以色列、牙买加、日本、吉尔吉斯斯坦、立陶宛、墨西哥、韩国、摩尔多瓦、罗马尼亚、俄罗斯、西班牙、叙利亚、土耳其、美国
其他	在主管局收到规定的说明或者文件之后所有权变更方生效	1999 年文本第 16 条第（2）款	非洲知识产权组织、巴西、中国、丹麦、牙买加、墨西哥、韩国、俄罗斯、美国

续表

主题	说明	依据 （1999 年文本、《共同实施细则》）	缔约方
其他	保密审查	《共同实施细则》第 13 条第（4）款	俄罗斯、美国
	若干国家的共同局	1999 年文本第 19 条第（1）款	比荷卢

注：* 表示自申请日起算。

第二章 国际程序的主要内容[1]

[1] 我国于 2022 年 2 月 5 日加入了《海牙协定》1999 年文本，本章所述内容仅涉及《海牙协定》1999 年文本的相关法律法规。

第一节 国际申请和国际注册

在提交国际申请之前，申请人需要确认本身是否具备提交国际申请的资格。[1] 能够提交国际申请的申请人至少应满足下述条件之一：是缔约方国家的国民或者是缔约方的政府间组织成员国的国民；在缔约方国家的领土内或者在建立作为缔约方政府间组织的条约所适用的领土内有住所；在缔约方国家的领土内或者在建立作为缔约方政府间组织的条约所适用的领土内有真实有效的工商业营业所。此外，在缔约方领土内有经常居所的申请人也可提交国际申请。

一、提交申请文件

根据申请人的选择，国际申请的语言可以采用英语、法语或者西班牙语。[2] 但是，如果国际申请是由主管局转交给 WIPO 国际局的，那么该主管局可以限制申请人的选择，要求国际申请的语言是上述三种语言中的一种或者两种。[3] WIPO 国际局承担国际申请在国际注册簿上登记以及在《国际公报》上公布所需的翻译工作。申请人可在国际申请中附上一份对国际申请中任何内容的建议译文。如果 WIPO 国际局认为该建议译文不正确，将对其加以修改。

（一）提交方式

国际申请通常由申请人或者其代理人直接向 WIPO 国际局提交申请文件，[4] 可以通过国际局网站提供的 eHague 系统向 WIPO 国际局提交国际申请，

---

[1] 《海牙协定》1999 年文本第 3 条。

[2] 《共同实施细则》第 6 条第（1）款。

[3] 需要注意的是，如果国际申请在提交时未使用规定的语言之一，将导致该国际申请不规范，该国际申请的申请日应为国际局收到申请人对此种不规范作出更正的日期。

[4] WIPO 国际局自 2020 年 3 月起停止使用纸质通信方式。

也可以通过 Contact Hague 提交国际申请所需的相关正式表格（DM/1 表）。

如果缔约方主管局同意，国际申请也可以通过缔约方主管局间接提交给 WIPO 国际局。缔约方可以禁止申请人或者代理人通过间接途径提交国际申请，但是不得强制要求国际申请必须通过主管局转交。如果申请人选择通过主管局向 WIPO 国际局转交国际申请，该主管局可以收取传送费。[1]

主管局必须在收到国际申请之日起的一个月之内向 WIPO 国际局转交国际申请。但是，其法律对保密审查有规定的缔约方可以通知 WIPO 国际局将一个月的期限改为六个月。[2] 如果转交的国际申请没有满足所适用的期限，那么国际申请的申请日为 WIPO 国际局收到该国际申请的收到日。

对美国和俄罗斯而言，国际申请的转交期限是六个月。根据美国法律的规定，申请人向美国以外的国家或者地区递交在美国完成的外观设计，要先获得出口许可证。如果需要获得许可证，申请人可以选择通过美国专利商标局提交国际申请（大多数情况下，保密审查在几天内完成），申请人一旦收到上述许可证，就可以通过 WIPO 国际局提交国际申请（申请人在提交国际申请前，有责任遵守所有的国家保密规定）。[3] 根据俄罗斯法律的规定，俄罗斯法律实体或者国民在俄罗斯创作的外观设计，须经俄罗斯联邦知识产权局保密审查，以确保该外观设计不包含国家秘密。[4]

（二）申请内容

国际申请的内容可分为三类：必要内容、指定某些缔约方时的附加必要内容、非强制性内容。[5]

必要内容是每件国际申请都必须包含或者附有的信息，例如申请人信息、寻求保护的外观设计的复制件以及该国际申请指定的缔约方。

所谓的附加必要内容，是指缔约方可以根据其国内法律，要求指定该缔

---

[1] 《海牙协定》1999 年文本第 4 条。

[2] 《共同实施细则》第 13 条第（4）款。

[3] 35 U. S. C. 184（2）.

[4] 《在俄罗斯联邦完成的发明、实用新型或者工业品外观设计申请进行保密审查的程序》。

[5] 如果 DM/1 表中填写的栏目需满足特定要求，表格会在相关栏目中标明“如适用”。除标明“可选”和“如适用”的栏目外，表格中的其他栏目是必填项。

约方的国际申请中必须包含的内容，这些内容包括：国际申请必须以设计人的名义提交或者/和国际申请需提供设计人的宣誓或者声明。❶ 此外，主管局是审查局的缔约方还可以根据其国内法律，要求国际申请中包括设计人身份的信息❷、提出国际申请的外观设计复制件或者其特征的简要说明书❸以及权利要求书❹。

除了上述内容，申请人还可以提供一些非强制性内容。这些非强制性内容包括：代理人信息、要求优先权的声明、在国际展会上公开的声明、延迟公布请求以及《适用〈海牙协定〉的行政规程》（以下简称《行政规程》）中规定的任何声明、说明或者其他有关说明，或者关于申请人已知有关外观设计有资格获得保护的具体信息的说明。❺ 缺少这些内容，并不构成国际申请的不规范。

eHague 系统会自动检查国际申请的必要内容和附加必要内容。根据《行政规程》的规定，通过 eHague 系统提交国际申请的海牙用户，将会在其提供的电子邮箱中收到 WIPO 国际局发送的提醒接收相关通知的电子邮件。❻ 邮件中提供了可下载通知的安全链接或者 PDF 格式的通知。

（三）在 WIPO 国际局的代理

申请人或者注册人可以指定一个代理人，代表其在 WIPO 国际局办理各项事务。代理人文件中指定有数个代理人的，只有最先提到的代理人被视为代理人并被登记。如果指定律师事务所或者由律师、专利代理人或者商标代理人组成的事务所为代理人，上述机构将被视为一个代理人。如果同时指定

---

❶ 芬兰、加纳、匈牙利、冰岛和墨西哥根据《共同实施细则》第 8 条第（1）款作出声明，要求国际申请须以设计人名义提交。美国根据《共同实施细则》第 8 条第（1）款（a）项第（ii）目作出声明，要求国际申请提供设计人的宣誓或者声明。

❷ 罗马尼亚根据《海牙协定》1999 年文本第 5 条第（2）款（b）项第（i）目作出声明，将设计人身份作为附加必要内容。

❸ 中国、罗马尼亚、叙利亚和越南根据《海牙协定》1999 年文本第 5 条第（2）款（b）项第（ii）目作出声明，将简要说明书作为附加必要内容。

❹ 美国和越南根据《海牙协定》1999 年文本第 5 条第（2）款（b）项第（iii）目作出声明，将权利要求书作为附加必要内容。

❺《共同实施细则》第 7 条第（5）款。

❻《行政规程》第 205 条。

了自然人和法律实体，代理人登记时法律实体名称在自然人姓名之前登记。对于代理人的执业资格、国籍或者居所等方面，海牙体系没有作出任何规定。[1] 但代理人仅被授权处理国际申请在WIPO国际局办理的事务。

代理人的指定自WIPO国际局收到指定代理人的国际申请或者另函通信的日期起生效。[2] 如果收到申请人、注册人或者代理人签署的撤销委托请求，代理人登记将被注销。如果正式指定了新代理人，WIPO国际局将依职权撤销原代理人的登记。登记了所有权变更且新注册人未指定代理人的，WIPO国际局也将依职权撤销原代理人的登记。[3] 代理人的撤销自WIPO国际局收到撤销函件之日起生效。[4] 代理人的指定、变更或者撤销，均无须缴纳费用。

如果国际申请登记了代理人，WIPO国际局会将应寄给申请人或者注册人的所有通知寄给代理人。值得注意的是，下述几种情况存在例外：第一，当请求撤销代理人的指定时，WIPO国际局应同时通知申请人或者注册人及其代理人；[5] 第二，五年保护期届满前六个月，WIPO国际局向注册人及其代理人发送非正式通知；[6] 第三，当续展费缴纳不足时，WIPO国际局同时通知注册人及其代理人。[7]

（四）外观设计复制件

申请人在提交国际申请时，应当提交寻求保护的外观设计的复制件。复制件的形式应为该外观设计的照片或者其他图样，或者是构成外观设计的产品的照片或者其他图样。[8] 国际申请中所附的每份复制件应仅提交一份副本。

如果国际申请中的某项外观设计的复制件被遗漏（除非该国际申请涉及请求了延迟公布的平面外观设计，并且附具了样本[9]），将会导致国际申请的

[1] 《共同实施细则》第3条第（1）款。
[2] 《共同实施细则》第3条第（3）款（a）项。
[3] 《共同实施细则》第3条第（5）款（a）项。
[4] 《共同实施细则》第3条第（5）款（b）项。
[5] 《共同实施细则》第3条第（5）款（c）项。
[6] 《共同实施细则》第23条。
[7] 《共同实施细则》第24条第（3）款。
[8] 《共同实施细则》第9条第（1）款。
[9] 《共同实施细则》第10条第（1）款。

申请日推后。在这种情况下，该国际申请的申请日为WIPO国际局收到重新递交的每一项外观设计复制件的日期。

此外，申请人在提交复制件时不仅应当满足WIPO国际局对于外观设计复制件的要求，还应当尽量符合指定缔约方对于复制件的要求。值得注意的是，尽管国际申请所附的外观设计复制件在满足相关规定后获得了国际注册，该国际申请指定的缔约方仍然可能以复制件公开不充分为由，驳回该外观设计国际注册在该缔约方的效力。❶ 为避免申请人在提交复制件时出现上述问题，WIPO国际局特别制作了《关于制作并提供复制件以预防审查局以工业品外观设计公开不充分为由进行可能驳回的指导原则》。❷

（五）简要说明书/权利要求书

原则上，简要说明书是任何国际申请中可以包含的一项可选内容。在指定某些缔约方，如中国、罗马尼亚、叙利亚和越南时，申请人要提交规定的简要说明书，否则该国际申请将被视为不规范，且可能导致国际注册的延后。DM/1表和eHague系统均清楚地指出了哪些缔约方需要提交简要说明书。简要说明书只能对复制件的特征加以说明，不得披露如何使用外观设计或者其可能应用的技术特征，简要说明书也可以指明对外观设计的某些特征放弃保护。❸ 如果简要说明书超过100字，对于超出100字之外的每个字，需要缴纳2瑞士法郎的附加费。

如果国际申请中包括对美国或者越南的指定，则国际申请中必须包括权利要求书。指定美国的措辞为“如图所示及所描述的某产品装饰性外观设计”（The ornamental design for [indicate an article] as shown and described），指定越南的措辞为“申请对如图所示及所描述的工业品外观设计的整体保护”（Application for overall protection for industrial design(s) as shown and described）。

（六）优先权文件及其他证明文件

申请人可依据《巴黎公约》第4条的规定，要求国际申请享有在先申请

---

❶ 《共同实施细则》第9条第（4）款。

❷ 该文件没有覆盖所有缔约方的要求。

❸ 《行政规程》第403条第（a）款。

的优先权。在先申请的申请日应在国际申请日之前的六个月内。优先权要求可以针对一个在先申请，也可以针对多个在先申请。

如果申请人要求享有在先申请的优先权，其应当提交在先申请的主管局名称，或者申请的国家、在先申请的编号（如果有）和在先申请的日期（按日、月、年的顺序）。WIPO 国际局不审查优先权文件，优先权文件不必与国际申请一起提交，WIPO 国际局也不接受随后向其提交的优先权文件。申请人可提供 DAS 码，以便指定缔约方主管局通过 WIPO DAS[1] 查询相关文件。除使用 DM/1 表附件 V（或者 eHague 系统中的相应部分）提交用于指定中国、日本或者韩国的优先权文件外，其他提交给 WIPO 国际局的优先权文件将被清理。

但是，上述规定并不排除被指定缔约方主管局要求注册人直接向其提供优先权文件。例如，如果主管局发现在优先权要求所涵盖的期间有影响新颖性的对比设计被公开，认为有必要审查优先权文件以确定国际申请的新颖性时，可以在发出驳回通知时提出相关要求。

尽管有上述一般性原则，如果申请人要求享有在先申请的优先权，一些缔约方可以根据其国内法，要求申请人必须向其主管局提供优先权文件，以支持其优先权要求。

如果国际申请指定了墨西哥，申请人必须自国际注册在《国际公报》公布之日起三个月内直接向墨西哥工业产权局提交优先权文件及优先权要求的缴费证明。此外，当优先权文件为其他语言时，其必须在上述期限内向墨西哥工业产权局提交西班牙语译文。国际注册的持有人或者其居住在国外的代理人可以直接向墨西哥工业产权局提交优先权文件。[2] 当通过代理人提交优先权文件时，该代理人必须根据墨西哥法律确定其身份。

需要注意的是，根据中国、日本、韩国和墨西哥的国内法，如果优先权

---

[1] WIPO 数字查询服务（DAS）是一个电子系统，允许在参与的知识产权局之间安全地交换优先权文件。如果在先申请局作为优先权文件的“交存局”参与 WIPO DAS，则申请人可以从该局获得 DAS 码。如果被指定缔约方的主管局作为外观设计申请优先权文件的“查询局”参与 WIPO DAS，申请人可以提供 DAS 码，以便其他局能够通过 WIPO DAS 查询相关优先权文件。有关 WIPO DAS 及其参与局的更多信息，请参阅 WIPO 网站。

[2] 在这种情况下，申请人必须提供在墨西哥的邮政地址以接收通知。

所依据的在先申请在国际注册日（大多数情况下与国际申请的申请日相同）之前公布，并且优先权文件没有以上述适用方式被提交，该国际注册可能会因缺乏新颖性被驳回。

对于指定美国的国际申请，其优先权文件必须在美国专利商标局审查外观设计专利的期间提交（即在授予专利或者放弃专利之前，视情况而定），并且不晚于缴纳第二部分单独指定费的日期。如果优先权文件是在缴纳第二部分单独指定费的日期之后提交的，则该外观设计专利将不包括优先权要求，除非其根据美国法律进行更正。[1] 申请人在提交优先权文件时应附上一封说明优先权文件所针对的国际注册的信函。如果申请人不是法人实体，此类信函必须由在美国专利商标局注册执业的专利从业者或者申请人签署。

如果国际申请指定了俄罗斯或者土耳其，其优先权文件必须自国际注册在《国际公报》公布之日起三个月内直接提交给俄罗斯联邦知识产权局或者土耳其专利商标局。如果逾期未提交优先权文件，该优先权要求将被忽略。对于指定俄罗斯的国际注册而言，优先权文件的提交应附有说明其所针对的国际注册的信函，优先权文件不需要由当地专利代理人提交给俄罗斯联邦知识产权局。对于指定土耳其的国际注册而言，如果优先权文件使用了不同的语言，则其必须附有土耳其语译文，如果注册人居住在国外，则必须委托当地代理人将优先权文件提交给土耳其专利商标局。

此外，申请人在国际申请中还可以根据缔约方的要求，随附其他证明文件。例如：DM/1 表附件Ⅰ的“设计人的宣誓或者声明”，DM/1 表附件Ⅱ的“关于不丧失新颖性的例外的证明文件”，DM/1 表附件Ⅲ的“有资格获得保护的信息”，DM/1 表附件Ⅳ“美国单独指定费的减费”，DM/1 表附件Ⅴ“关于优先权要求的证明文件”。

二、WIPO 国际局的审查

收到国际申请后，WIPO 国际局将审查其是否符合规定的形式要求。WIPO 国际局不会以任何方式评价或者考虑外观设计的新颖性，并且也无权以上

[1] 37 CFR 1.55 (d).

述理由或者其他实质性理由驳回该国际申请。

（一）DM/1 表

WIPO 国际局审查由申请人签字的国际申请的正式表格，审查的主要项目包括：申请人的名称、地址以及电子邮件地址；申请人符合成为国际注册的注册人条件的缔约方；构成外观设计的产品或者将使用外观设计的产品（最好以国际分类表中列举的产品名称标明）；国际申请中所包括的外观设计的项数（不得超过 100 项）；附于国际申请中的外观设计复制件或者样本的件数；被指定的缔约方；缴纳的费用数额和付款方式、付款方；关于申请人和设计人特别要求的相关陈述、文件、宣誓或者声明；代理人名称、地址以及电子邮件地址；要求在先申请的优先权声明（包含受理在先申请的主管局的名称、申请日、申请号等）；展会优先权的相关声明以及指明举行展览的地点和产品在该展览上第一次展出的日期等；延迟公布的请求；使用外观设计的产品所属的国际分类（同一大类）等。

DM/1 表有 5 个附件。附件Ⅰ是随 DM/1 表提交的“设计人的宣誓或者声明”，是指定美国的国际申请的必要内容。如果无法提供此声明，申请人可以提供“取代发明人资格声明的替代性说明”。附件Ⅱ是可以随 DM/1 表提交的“关于不丧失新颖性的例外的证明文件”，属于非强制性内容，仅适用于指定中国、日本或者韩国的国际申请。附件Ⅲ是随 DM/1 表提交的“有资格获得保护的信息”，属于非强制性内容，仅涉及指定美国时申请人提交“信息公开说明”和美国国内法规定的相关随附文件。附件Ⅳ是随 DM/1 表提交的“美国单独指定费的减费”，该附件允许申请人提供微型实体认证书以支持其声称的微型实体地位，以便其在指定美国时享受单独指定费的减费，属于非强制性内容。附件Ⅴ是指定中国、日本或者韩国时提交的“关于优先权要求的证明文件”，属于非强制性内容。

WIPO 国际局可以依职权删除国际申请中任何未被要求或者未被许可的事项。如果国际申请中附具了任何未被要求或者未被许可的文件，WIPO 国际局

可以将该文件销毁。❶

关于 DM/1 表中各栏填写的详细要求，请参见本书附录二 DM/1 表及填写说明（中译文）。

（二）外观设计复制件

WIPO 国际局对外观设计复制件的形式审查包括：提交的外观设计复制件的件数；复制件应保证外观设计要求保护的部位均清晰可辨并可用于公布；对复制件中有所表示却不要求获得保护的部分的表达。

1. 复制件的提交形式

申请注册的外观设计复制件的形式，可以是该外观设计的照片或者图样，或者是构成外观设计的产品的照片或者图样。一件国际申请可以同时包括黑白或者彩色的照片和图样。❷

以纸件提交的国际申请所附复制件，应当粘贴或者直接打印在白色、不透明 A4 纸张上。该单独的纸张应当竖直使用，且不得含有超过 25 份的复制件。复制件应当以申请人希望公布的朝向排列。如果国际申请是使用纸件提交的，在每份外观设计复制件的四周应至少留出 5mm 的空白。❸

每份复制件均须置于一个不含其他复制件或者其他复制件的组成部分且没有编号的直角四边形当中。❹ 复制件不得折叠、装订或者以任何方式标注。

2. 复制件的提交要求

国际申请中每一项外观设计的复制件尺寸均不得超过 16cm×16cm，且不得小于 3cm×3cm。❺ 通过 eHague 系统提交的国际申请，其复制件应当为 JPEG 格式或者 TIFF 格式的图像，文件大小不超过 2MB，分辨率应当为 300dpi。❻

复制件应当只呈现外观设计或者使用外观设计的产品，不能出现其他物

---

❶《共同实施细则》第 7 条第（6）款。

❷《行政规程》第 401 条。

❸ 通过缔约方主管局间接提交的申请文件适用上述要求。

❹“直角四边形”一词包括了正方形和长方形。

❺《行政规程》第 402 条第（b）款。

❻ 申请人上传的其他分辨率的复制件会被系统自动调整为 300×300 dpi，系统会要求申请人对调整后的分辨率进行确认。

体、配件、人或者动物。❶ 对于出现在复制件中但又不对其谋求保护的外观设计的部分，可以在复制件中通过点线或者虚线或者涂色标出，并且/或者在说明中予以解释。❷ 复制件中不能出现展示物体截面或者平面的技术制图，不能出现带有轴和尺寸的图案。解释性文字或者图例也不允许出现在复制件中。❸

3. 关于视图的规定

一件国际申请中每件外观设计的复制件数量没有限制。从多角度呈现同一物体并提交多张不同视图有助于外观设计的完整呈现。为了展示立体产品外观设计的所有特征，或者为了满足某些被指定缔约方的法律要求，申请人可以选择对同一项外观设计提交不同的视图。但是，在一份复制件中只能包含一张从一个角度绘制或者拍摄的视图，每张视图应当分别提交。

由照片组成的复制件应当符合专业标准，照片的底色应素色无花纹，边角应为直角，照片不能用笔或者修改液进行修饰。由其他绘图方式组成的复制件应当符合专业标准，图片应以绘图工具或者电子方式绘制。复制件可以采用阴影或者影线以展示外观设计的凹凸结构。

标注产品某一具体视图的图例可与复制件的编号一同标明。❹ 建议使用的代码及视图名称包括：

1. 立体图；2. 主视图；3. 后视图；4. 俯视图；5. 仰视图；6. 左视图；7. 右视图；8. 参考图；9. 展开图；10. 部件分解图；11. 剖视图；12. 放大图；00. 其他图。

上述代码可以标注在DM/1表或者eHague系统的复制件的编号后面。对于代码为“00”的图例，可以写出具体的视图名称（限50个字符）。

缔约方可以要求就构成外观设计的产品提供某些具体视图。❺ 例如，韩国对具体视图的要求为：对于整套物体的外观设计，需提交一幅整体的视图和每个组件的相应视图；对于字体的外观设计，需提交给定字符的视图、例句和典型字符。越南要求如果构成外观设计的产品是立体产品，申请人需提交

---

❶《行政规程》第402条第（a）款。

❷《行政规程》第403条第（a）款。

❸《行政规程》第402条第（c）款。

❹《行政规程》第405条第（c）款。

❺《共同实施细则》第9条第（3）款。

外观设计的立体图。中国要求对于立体产品或设计要点仅在于图形用户界面的产品，应当提交符合规定的视图。

4. 对样本的要求

国际申请中包含延迟公布请求并且涉及平面产品的，申请人可以用样本代替复制件。[❶] 如果提交样本代替复制件，申请人必须向 WIPO 国际局提交一份样本，并且向每一个通知 WIPO 国际局希望得到国际注册副本的指定缔约方主管局提交一份样本，使得主管局能够根据其国内法，判断该国际注册的外观设计是否符合新颖性的要求。

国际申请的平面样本应可以折叠，展开的尺寸不能超过 26.2cm×17cm，重量不能超过 50g，厚度不能超过 3mm。样本应粘贴在 A4 纸上，按顺序编号。在适当情况下，申请人向 WIPO 国际局提交复制件时，每份复制件的编号应当与对应样本的编号相同。装有样本的包裹尺寸不得超过 30cm，包裹连同包装的重量不得超过 4kg。WIPO 国际局不接受易腐烂的物品以及存储危险品的产品。[❷]

（三）国际申请中的不规范情形

WIPO 国际局在受理国际申请时，如果发现其存在不规范的情形，会发出不规范通知书，要求申请人自 WIPO 国际局发出通知之日起三个月内就相关问题作出必要的更正。

1. 导致国际申请的申请日延迟的不规范情形

国际申请中导致申请日延迟的不规范情形包括：

（1）国际申请未使用规定的语言之一。

（2）国际申请中遗漏以下内容中的任何一项：①关于要求根据 1999 年文本进行国际注册的明确或者暗含的说明；②能使申请人身份得以确定的说明；③足以与申请人或者其代理人（如有代理人的话）取得联系的说明；④提出国际申请的每一份外观设计的复制件或者 1999 年文本规定的样本；⑤对至少

❶ 《共同实施细则》第 10 条第（1）款。

❷ 《行政规程》第 406 条。

一个缔约方的指定。[1]

如果申请人未在三个月期限内对不规范的情形予以更正，该国际申请将被视为放弃。[2] WIPO 国际局在扣除相当于基本费的数额之后，退还该国际申请缴纳的其他费用。[3]

2. 涉及不满足缔约方特别要求的不规范情形

涉及不满足缔约方特别要求的不规范情形包括：缔约方有关于申请人或者设计人的特别要求或者根据 1999 年文本关于附加必要内容的相关规定，即设计人身份的说明；复制件或者设计特征的简要说明书；权利要求书。[4]

如果申请人未在三个月期限内对不规范的情形予以更正，国际申请将被视为没有指定相关缔约方。[5]

（四）申请日的确定

申请人直接向 WIPO 国际局提交国际申请的，国际申请的申请日为 WIPO 国际局收到该国际申请之日。申请人通过缔约方的主管局间接提交国际申请的，如果 WIPO 国际局在该日起一个月之内收到主管局传送的国际申请，该国际申请的申请日为主管局收到其申请之日。[6] 对保密审查有规定的缔约方，可以将一个月期限改为六个月。[7]

如果国际申请中有按规定会导致其申请日延迟的不规范情形，该国际申请的申请日应为 WIPO 国际局收到申请人对不规范情形作出更正的日期。

三、注册及公布

如果 WIPO 国际局认为国际申请符合可适用的要求，将在国际注册簿上注册该外观设计，并将注册证寄交注册人。国际注册的内容包括：国际申请

---

[1] 《共同实施细则》第 14 条第（2）款。
[2] 《海牙协定》1999 年文本第 8 条第（2）款（a）项。
[3] 《共同实施细则》第 14 条第（3）款。
[4] 《海牙协定》1999 年文本第 5 条第（2）款。
[5] 《海牙协定》1999 年文本第 8 条第（2）款（b）项。
[6] 《共同实施细则》第 13 条第（3）款。
[7] 《共同实施细则》第 13 条第（4）款。

中所包括的全部数据（但在先申请日比该国际申请的申请日早六个月以上的任何优先权要求除外）；外观设计的任何复制件；国际注册日；国际注册号；按 WIPO 国际局确定的国际分类的相应类别。❶

国际注册由 WIPO 国际局公布。国际注册的公布被视为其在所有缔约方具有足够的公开性，主管局不得再对注册人要求任何其他形式的公开。❷《国际公报》是海牙体系关于国际注册的正式出版物，由 WIPO 国际局以电子形式公布于 WIPO 网站。《国际公报》是国际注册的持有人和广大公众的官方参考数据，也是 WIPO 国际局对国际注册中指定的缔约方主管局的正式通知。❸

在《国际公报》上公布的国际注册信息包括：在国际注册簿上登记的相关数据；外观设计的复制件；请求延迟公布的，对延迟期限届满或者被视为已届满的日期的说明。❹《国际公报》中除有关国际注册的信息外，还包括有关国际注册的以下内容：驳回、无效、所有权变更和合并，其他变更、更正、续展、撤销、所有权变更无效的声明以及此种声明的撤回等。

（一）公布的时间

在提交国际申请时，申请人可以从三个关于公布时间的选项中进行选择：①国际注册日后十二个月公布（即标准公布）；②国际注册登记后立即公布；③选定时间公布（以月为单位，自申请日起算并指明公布时间）。❺ 关于“选定时间”的公布，申请人可以提出早于十二个月标准公布的时间，也可以请求将公布时间延迟至标准公布期之后，申请人可以提出的最长延迟期限取决于国际申请中的指定缔约方。

在缔约方已声明所允许的延迟公布期限为十二个月或者更短，或者已声明不能延迟公布（注册人没有撤回该指定）的情况下，如果国际申请指定该缔约方且 DM/1 表中选定的公布时间超过十二个月，则该国际注册在国际注册日后十二个月公布（标准公布）；如果国际申请指定该缔约方且 DM/1 表中

---

❶ 《共同实施细则》第 15 条。

❷ 《海牙协定》1999 年文本第 10 条第（3）款（a）项。

❸ 从 2012 年 1 月 1 日起，《国际公报》每周公布一次。

❹ 《共同实施细则》第 17 条第（2）款。

❺ 《共同实施细则》第 17 条第（1）款。

选定的公布时间短于十二个月，则该国际注册在选定时间公布。

如果国际申请附具了一份或者多份样本，注册人应在规定时限内向 WIPO 国际局提交提出的国际申请的每一项外观设计的规定份数的复制件。[1] 注册人没有提交符合要求的复制件的，该国际注册将被注销且不得公布。[2]

（二）延迟公布

延迟公布，即选定时间公布。国际注册公布的延迟期限取决于国际申请中所指定的每个缔约方的国内规定。原则上，所有缔约方都允许的延迟期限为自申请日（要求优先权的，自优先权日）起三十个月。[3] 如果国际申请包含延迟公布的请求，原则上可以请求延迟的期限最多为自申请之日起三十个月，除非缔约方正式声明仅允许更短的延迟公布期限或者不允许延迟公布。

如果被指定缔约方已声明，根据其国内法允许的延迟公布期限短于三十个月，该国际注册在缔约方声明的延迟期限届满时进行公布；如果缔约方声明的延迟期限短于十二个月，则该国际注册自申请日（要求优先权的，自优先权日）[4] 后十二个月进行公布。如果不止一个被指定缔约方已声明，允许的延迟期限短于三十个月，则该国际注册在这些缔约方声明中最短的延迟期限届满时进行公布，如果这些缔约方声明的延迟期限中任何一个短于十二个月，该国际注册在申请日（要求优先权的，自优先权日）后十二个月进行公布。[5]

如果被指定缔约方已声明，根据其国内法不允许延迟公布，WIPO 国际局将通知申请人延迟公布的请求与相关指定缔约方的规定不相符合。如果申请人没有在自 WIPO 国际局发出通知之日起一个月内以书面形式撤回该指定，其延迟公布的请求将不予考虑，该国际注册适用标准公布期。[6]

请求延迟公布的国际申请，不需要在申请时缴纳公布费。在延迟期限届

---

[1] 《海牙协定》1999 年文本第 5 条第（1）款（ⅲ）项。
[2] 《共同实施细则》第 16 条第（4）款和第（5）款。
[3] 《共同实施细则》第 16 条第（1）款。
[4] 某些缔约方从申请日开始计算延迟期限（无论国际申请是否要求优先权）。
[5] 《海牙协定》1999 年文本第 11 条第（2）款。
[6] 《海牙协定》1999 年文本第 11 条第（3）款（i）项；《共同实施细则》第 16 条第（2）款。

满前三个月，WIPO 国际局会向国际注册的注册人发送一份非正式的提醒通知，[1] 指明必须缴纳公布费的日期。注册人未支付公布费的（不迟于延迟期限届满前三周），该国际注册将被注销且不得公布。[2]

（三）提前公布和特殊情况下公布前的使用

在国际注册公布前，注册人可以请求提前公布国际注册中所包含的任何或者所有外观设计[3]——在国际申请中最初指定的公布期届满前或者十二个月的标准公布期届满前公布，WIPO 国际局在收到请求后将立即公布该国际注册。[4]

原则上，在国际注册公布之前，WIPO 国际局对国际申请及国际注册予以保密。该保密原则同样适用于国际申请中所附带的任何文件。但在某些情况下，例如在向司法部门或者第三方主张权利时，注册人可能不希望国际注册被保密。因此，注册人可以请求 WIPO 国际局向其指定的第三方或者授权使用国际注册的第三方提供该国际注册的摘要。[5]

（四）公布前的放弃或者限制

注册人可以在所有被指定缔约方放弃该国际注册。在这种情况下，国际注册中的外观设计将不会被公布。注册人还可以在所有被指定缔约方限制该国际注册中的某项或者某几项外观设计。[6] 在这种情况下，只有未被限制的外观设计才会被公布。[7]

根据可适用的要求，向 WIPO 国际局请求延迟公布的国际注册，必须不迟于延迟期限届满前三周提出放弃或者限制的登记请求。否则，国际注册将在延迟公布期限届满时公布，而不考虑就放弃或者限制提出的登记请求。但

---

[1] 注册人未接到提醒通知的，不构成其未遵守缴纳公布费时限的借口。

[2] 《共同实施细则》第 16 条第（3）款和第（5）款。

[3] 仅请求提前公布国际注册中部分外观设计的，申请人必须对国际注册中不要求公布的外观设计进行限制，并缴纳相应的费用。

[4] 《海牙协定》1999 年文本第 11 条第（4）款（a）项；《共同实施细则》第 17 条第（1）款。

[5] 《海牙协定》1999 年文本第 11 条第（4）款（b）项。

[6] 具体流程参见国际注册放弃、限制的相关规定。

[7] 《海牙协定》1999 年文本第 11 条第（5）款。

如果放弃或者限制的请求符合可适用的要求，该放弃或者限制仍将被登记在国际注册簿上。[1]

四、相关期限

海牙体系设置了通信时必须遵守的时限。通常情况下，时限的届满日是指 WIPO 国际局应收到回复的日期。但被指定缔约方主管局通知驳回保护的时限是个例外，对于这个时限届满日，起决定性的是主管局向 WIPO 国际局发出驳回通知之日。

（一）时限的计算

发自 WIPO 国际局的涉及时限的通信中所指明的时限届满日，根据下述规则[2]计算：

凡以年计的期限，应于继后的有关年度中与该期限起始行为的发生的日、月份名称相同的当月和日期相同的当日届满。但是，如果行为发生于 2 月 29 日，而在继后的有关年度 2 月只有 28 天，则期限应于 2 月 28 日届满。例如，自 2016 年 2 月 20 日起的 10 年期限，将于 2026 年 2 月 20 日届满；自 2016 年 2 月 29 日起的 10 年期限，将于 2026 年 2 月 28 日届满。

凡以月计的期限，应于继后的有关月份中与该期限起始行为发生之日的日期相同的当日届满。但是，继后的有关月份没有相同日期的，期限应于该月最后一日届满。例如，自 1 月 31 日起算的两个月期限，终止于 3 月 31 日，相同日期起算的三个月期限，终止于 4 月 30 日。

凡以日计的期限，应自有关行为发生之日次日起算，并于相应的日期届满。例如，自某月 12 日所发生的事件起算的十日期限，将于该月的 22 日届满。

如果 WIPO 国际局必须收到某一通信的期限，于 WIPO 国际局不对外办公之日届满，该期限应于 WIPO 国际局办公后的第一天届满。

---

[1] 《行政规程》第 601 条。

[2] 《共同实施细则》第 4 条。

（二）对延误期限的宽限

如果有关方可以提供符合 WIPO 国际局要求的证据，证明其未能遵守时限是由于其无法控制的战争、革命、内乱、罢工、自然灾害、流行病、邮局投递或电子通信服务等非正常情况或者由其他不可抗力原因造成，该期限应予以宽限。❶

WIPO 国际局可以放弃关于提供证据的要求。在这种情况下，有关方必须提交一份声明，说明未能在规定期限内提供证据是由于 WIPO 国际局放弃了提供证据的要求。❷

只有在不迟于时限届满后的六个月内收到上述证据或声明，并且该证据或声明得到 WIPO 国际局的认可后，WIPO 国际局才可能对未能在时限内送达的情况予以宽限。❸

（三）延长通知驳回的时间

原则上，主管局必须在六个月之内发出驳回通知。❹ 但是，对于 1999 年文本的缔约方，如果有关缔约方主管局是“审查局”，或者缔约方的国内法规定了外观设计注册异议程序，上述期限可以延长至十二个月。❺

（四）国际注册的生效日期❻

缔约方在“延长驳回通知的时间”所述的声明中可以注明，国际注册应最晚于声明中所定的日期产生 1999 年文本第 14 条第（2）款（a）项中所提到的效力。这个日期可以比该条款中提到的日期更晚一些，但不得晚于六个月。

缔约方在“延长驳回通知的时间”所述的声明中也可以注明，如果驳回

---

❶《共同实施细则》第 5 条第（1）款。
❷《共同实施细则》第 5 条第（2）款。
❸《共同实施细则》第 5 条第（3）款。
❹《共同实施细则》第 18 条第（1）款（a）项。
❺《共同实施细则》第 18 条第（1）款（b）项。
❻《共同实施细则》第 18 条第（1）款（c）项。

期限内因非主观原因导致缔约方主管局未能向 WIPO 国际局送达给予保护声明，则国际注册应最晚在依该缔约方法律给予保护的日期，产生 1999 年文本第 14 条第（2）款（a）项中提到的效力。

第二节 费用的缴纳

申请人或者注册人可以直接向 WIPO 国际局缴纳费用。如果申请人的缔约方主管局同意代收并转交国际申请的规定费用，申请人可通过该局向 WIPO 国际局缴纳国际申请的相关费用。[1]

一、费用清单

关于国际申请或者国际注册应缴费用的数额，在《共同实施细则》所附的费用表中有详细的规定。

（一）申请费用

一件国际申请须缴纳三项费用：基本费、公布费、对于寻求保护的每个缔约方的标准指定费或者单独指定费。标准指定费分为三个等级，以反映缔约方主管局的审查范围。

涉及国际申请的费用（单位：瑞士法郎）如表 2-1 所示。

表 2-1 国际申请的费用[2]

费用类型		费用金额（瑞士法郎）
基本费	一项外观设计	397
	同一国际申请中每附加一项外观设计	50

[1] 《共同实施细则》第 27 条第（2）款（b）项。

[2] 2024 年 1 月 1 日生效。

续表

<table>
<tr><th colspan="4">费用类型</th><th>费用金额（瑞士法郎）</th></tr>
<tr><td rowspan="2">公布费</td><td colspan="3">提交公布的每一份复制件</td><td>17</td></tr>
<tr><td colspan="3">同一页上显示一份或者多份复制件的，第 1 页之后每多一页加收（仅适用以纸件形式提交的复制件）</td><td>150</td></tr>
<tr><td>简要说明书附加费</td><td colspan="3">简要说明书超过 100 字以后每字加收</td><td>2</td></tr>
<tr><td rowspan="7">指定费</td><td rowspan="6">标准指定费</td><td rowspan="2">适用第一级费用的</td><td>一项外观设计</td><td>42</td></tr>
<tr><td>同一国际申请中每附加一项外观设计</td><td>2</td></tr>
<tr><td rowspan="2">适用第二级费用的</td><td>一项外观设计</td><td>60</td></tr>
<tr><td>同一国际申请中每附加一项外观设计</td><td>20</td></tr>
<tr><td rowspan="2">适用第三级费用的</td><td>一项外观设计</td><td>90</td></tr>
<tr><td>同一国际申请中每附加一项外观设计</td><td>50</td></tr>
<tr><td>单独指定费</td><td colspan="3">由每个相关的缔约方确定，具体费用参见 WIPO《海牙协定》各国指定费用表</td></tr>
</table>

根据主管局审查范围的不同，标准指定费分为三个不同等级，三个等级分别为：第一级，缔约方主管局不进行任何实质性审查；第二级，缔约方主管局进行除新颖性以外的实质性审查（例如，就“外观设计”的定义、公共秩序和道德、保护国徽等问题进行审查）；第三级，缔约方主管局进行实质性审查，包括有限的新颖性审查，或者第三方提出异议后的新颖性审查。要适用第二级或者第三级标准指定费的缔约方，必须作出相应的声明。缔约方还可以作出声明，表明尽管根据国内法律规定可适用第三级指定费，但其选择适用第二级指定费。缔约方未作任何声明的，收费标准被视为适用第一级标准指定费。[1]

[1] 《共同实施细则》第 12 条第（1）款。

单独指定费如表 2-2 所示。

表 2-2　单独指定费❶

<table>
<tr><th>缔约方</th><th colspan="2">费用类型</th><th>费用金额（瑞士法郎）</th></tr>
<tr><td rowspan="4">非洲知识产权组织（OAPI）</td><td rowspan="2">默认金额</td><td>单项外观设计的申请</td><td>73</td></tr>
<tr><td>多项外观设计的申请</td><td>110</td></tr>
<tr><td rowspan="2">适用最不发达国家申请人的金额</td><td>单项外观设计的申请</td><td>8</td></tr>
<tr><td>多项外观设计的申请</td><td>12</td></tr>
<tr><td>加拿大</td><td colspan="2">每项外观设计</td><td>370</td></tr>
<tr><td>中国</td><td colspan="2">一件国际申请</td><td>497</td></tr>
<tr><td>欧盟</td><td colspan="2">一项外观设计</td><td>59</td></tr>
<tr><td rowspan="2">匈牙利</td><td colspan="2">第一项外观设计</td><td>47</td></tr>
<tr><td colspan="2">每增加一项外观设计</td><td>11</td></tr>
<tr><td rowspan="2">以色列</td><td colspan="2">每项外观设计的默认金额</td><td>106</td></tr>
<tr><td colspan="2">每项外观设计的费减后金额</td><td>63</td></tr>
<tr><td>日本</td><td colspan="2">每项外观设计</td><td>436</td></tr>
<tr><td rowspan="2">吉尔吉斯斯坦</td><td colspan="2">第一项外观设计</td><td>129</td></tr>
<tr><td colspan="2">每增加一项外观设计</td><td>64</td></tr>
<tr><td rowspan="6">墨西哥</td><td rowspan="4">第一部分</td><td>第一项外观设计的默认金额</td><td>98</td></tr>
<tr><td>每增加一项外观设计的默认金额</td><td>3</td></tr>
<tr><td>第一项外观设计的费减后金额</td><td>49</td></tr>
<tr><td>每增加一项外观设计的费减后金额</td><td>1</td></tr>
<tr><td rowspan="2">第二部分</td><td>默认金额</td><td>283</td></tr>
<tr><td>费减后金额</td><td>141</td></tr>
<tr><td>韩国①</td><td colspan="2">每项外观设计</td><td>162</td></tr>
<tr><td rowspan="2">摩尔多瓦</td><td colspan="2">第一项外观设计</td><td>73</td></tr>
<tr><td colspan="2">每增加一项外观设计</td><td>7</td></tr>
<tr><td rowspan="2">俄罗斯</td><td colspan="2">第一项外观设计</td><td>107</td></tr>
<tr><td colspan="2">每增加一项外观设计</td><td>22</td></tr>
</table>

❶ WIPO 国际局于 2024 年 3 月发布。

续表

缔约方	费用类型		费用金额（瑞士法郎）
土库曼斯坦	第一项外观设计		589
	每增加一项外观设计		36
美国	第一部分	默认金额	941
		“小型实体”申请人的金额	377
		“微型实体”申请人的金额	188
	第二部分	默认金额	683
		“小型实体”申请人的金额	273
		“微型实体”申请人的金额	137
	国际注册日在 2020 年 10 月 1 日之前的国际申请，适用第二部分费用的情况详见 WIPO 网站		

①指定韩国的国际申请，属于洛迦诺分类第 1、2、3、5、9、11 或者 19 大类的外观设计，适用标准指定费的第三级；属于其他任何类别的外观设计，适用单独指定费。

指定墨西哥和美国的国际申请，其单独指定费分两部分缴纳。单独指定费的第一部分应在提交国际申请时缴纳，第二部分应在根据墨西哥和美国法律所确定的更晚日期缴纳。❶ 当墨西哥工业产权局或者美国专利商标局确认作为国际注册主题的外观设计符合保护条件时，注册人才会缴纳第二部分费用。墨西哥工业产权局就每项有关的国际注册，通过 WIPO 国际局向注册人发出批准和付款通知。美国专利商标局通过联系人和 WIPO 国际局，向注册人发送批准和付款通知。❷ 如果第二部分单独指定费未在可适用的期限内缴纳，有关主管局将通知 WIPO 国际局，并请求 WIPO 国际局撤销国际注册簿上涉及该有关缔约方的国际注册。WIPO 国际局将撤销该国际注册的相关信息，并通知注册人。❸

❶ 《共同实施细则》第 12 条第（3）款（a）项。

❷ 《海牙体系指南》（*Guide to the Hague System*）关于“费用的缴纳—分两部分缴纳单独指定费”的规定。

❸ 《共同实施细则》第 12 条第（3）款（d）项。

（二）续展费用

涉及续展的费用（单位：瑞士法郎）如表2-3、表2-4所示。

表2-3 续展的费用❶

费用类型		费用金额（瑞士法郎）
基本费	一项外观设计	200
	同一国际申请中每附加一项外观设计	17
标准指定费	一项外观设计	21
	同一国际申请中每附加一项外观设计	1
单独指定费	由每个相关的缔约方确定，具体费用参见WIPO《海牙协定》各国指定费用表	
额外费（宽展期）	续展基本费的50%	

表2-4 续展阶段的单独指定费❷

缔约方	费用类型	费用金额（瑞士法郎）
非洲知识产权组织（OAPI）	每项外观设计	168
加拿大	第一次续展：每项外观设计	324
	后续续展	0
中国	第一次续展：每件国际注册	922
	第二次续展：每件国际注册	1820
欧盟	每项外观设计	30
匈牙利	第一项外观设计	47
	每增加一项外观设计	11

❶ 2024年1月1日生效。

❷ WIPO国际局于2024年3月发布。

续表

缔约方	费用类型	费用金额（瑞士法郎）
以色列	第一次续展：每项外观设计	132
	第二次续展：每项外观设计	158
	第三次续展：每项外观设计	185
	第四次续展：每项外观设计	211
日本	每项外观设计	493
吉尔吉斯斯坦	第一项外观设计	64
	每增加一项外观设计	6
墨西哥	每项外观设计的默认金额	290
	每项外观设计的费减后金额	145
韩国①	第一次续展：每项外观设计	260
	第二次续展：每项外观设计	615
	第三次续展：每项外观设计	710
摩尔多瓦	第一项外观设计	105
	每增加一项外观设计	10
俄罗斯	第一次续展：每件国际注册	170
	第二次续展：每件国际注册	417
	第三次续展：每件国际注册	620
	第四次续展：每件国际注册	1079
土库曼斯坦②	第一次续展：每件国际注册	1019
	第二次续展：每件国际注册	1586

①指定韩国的国际注册，指定费按以下方式并根据国际注册日期适用：

如果国际注册日期在 2020 年 12 月 1 日之前：对于属于第 2、5 或者 19 大类的外观设计，适用标准指定费。对于属于其他任何类别的外观设计，适用单独指定费。

如果国际注册日期在 2020 年 12 月 1 日或者之后：对于属于第 1、2、3、5、9、11 或者 19 大类的外观设计，适用标准指定费。对于属于其他任何类别的外观设计，适用单独指定费。

②指定土库曼斯坦的国际注册，指定费按以下方式并根据国际注册日期适用：如果国际注册日期在 2020 年 12 月 11 日之前，适用标准指定费；如果国际注册日期在 2020 年 12 月 11 日或者之后，适用单独指定费。

（三）杂项登记

其他可能发生的费用（单位：瑞士法郎）如表 2-5 所示。

表 2-5　杂项登记费用[1]

<table>
<tr><th colspan="2">费用类型</th><th>费用金额（瑞士法郎）</th></tr>
<tr><td colspan="2">所有权变更</td><td>144</td></tr>
<tr><td rowspan="2">注册人名称和/或者地址变更</td><td>一件国际注册</td><td>144</td></tr>
<tr><td>同一请求中的同一注册人每附加一件国际注册</td><td>72</td></tr>
<tr><td colspan="2">放弃</td><td>144</td></tr>
<tr><td colspan="2">限制</td><td>144</td></tr>
</table>

（四）有关公布的国际注册的信息

涉及公布的费用（单位：瑞士法郎）如表 2-6 所示。

表 2-6　公布费用[2]

<table>
<tr><th colspan="2">费用类型</th><th>费用金额（瑞士法郎）</th></tr>
<tr><td colspan="2">提供一份与公布的国际注册有关的国际注册簿摘要</td><td>144</td></tr>
<tr><td rowspan="2">提供国际注册簿或者公布的国际注册文件中有关事项的未经证明的副本</td><td>前 5 页</td><td>26</td></tr>
<tr><td>如果要求提供副本的请求是同时提出并涉及同一国际注册，第 5 页之后每多一页</td><td>2</td></tr>
<tr><td rowspan="2">提供国际注册簿或者公布的国际注册文件中有关事项的经证明的副本</td><td>前 5 页</td><td>46</td></tr>
<tr><td>如果要求提供副本的请求是同时提出并涉及同一国际注册，第 5 页之后每多一页</td><td>2</td></tr>
<tr><td colspan="2">提供样本的一张照片</td><td>57</td></tr>
</table>

[1] 2024 年 1 月 1 日生效。
[2] 2024 年 1 月 1 日生效。

续表

费用类型		费用金额（瑞士法郎）
提供关于国际注册簿内容或者公布的国际注册文件内容的书面资料	涉及一件国际注册	82
	如果要求提供相同信息的请求是同时提出并涉及同一注册人的任何附加国际注册	10
在国际注册的所有人名单中检索	按名称对某具体个人或者实体进行检索每次	82
	除检索到的第一件国际注册之外每检索到1件	10

（五）WIPO国际局提供的服务

WIPO国际局对不在费用列表中的服务收取的费用，数额由其自行确定。

二、缴费的要求

除第二部分单独指定费外[1]，申请人应在提交国际申请时缴纳规定的费用[2]。但国际申请中请求延迟公布的，申请人可以延后缴纳公布费。[3]

（一）缴纳方式

申请人或者注册人可以通过下列方式向WIPO国际局缴纳费用：①在WIPO国际局开设往来账户并从账户中直接扣款；②向WIPO国际局银行账户或者邮政账户（仅限欧洲）转账；③信用卡缴费。[4] 2023年6月起，WIPO国际局新增了在线缴费方法，申请人或者注册人可以通过eWallet缴纳申请费和续展费。[5]

申请人或者注册人在向WIPO国际局缴纳费用时，必须提供以下信息：

[1] 指定墨西哥和美国的国际申请，其单独指定费分两部分缴纳。

[2] 根据2023年4月1日生效的《共同实施细则》第14条修正案，申请人最迟应在收到国际局通知书的两个月内缴纳至少一项外观设计的基本费。

[3] 《共同实施细则》第12条第（2）款。

[4] 《行政规程》第801条。

[5] New Method of Online Payment of Fees to the International Bureau. 来源：http://www.wipo.int/hague/en/news/2023/news_0018.html.

缴费目的、相关申请或者注册信息。❶

(二)缴费日期

WIPO 国际局收到符合规定数额的费用时，该日期被视为费用的缴纳日期。❷ 当涉及续展时，如果 WIPO 国际局在早于国际注册应当续展之日前三个月收到续展费，该续展费应被视为在该日前三个月收到。❸

(三)费用数额的变更

如果国际申请是通过申请人缔约方的主管局提交的，而且提交该国际申请所应缴纳的费用数额，在主管局收到该国际申请之日与 WIPO 国际局收到该国际申请之日之间有变动的，应适用主管局接收该国际申请之日实行的费用。❹

国际注册应缴纳的续展费用数额，在付款日和应当续展之日之间有变动的，按以下三种情况处理：①在续展日前三个月内缴纳费用的，适用缴纳当天实行的费用❺；②早于续展日三个月前缴纳费用的，该费用被视为在该日前三个月收到，且适用续展日三个月前实行的费用❻；③在续展日后缴纳费用的，适用续展日实行的费用❼。在任何其他情况下，应当适用 WIPO 国际局收到费用之日实行的数额。❽

(四)最不发达国家申请人的减费

海牙联盟第二十六届（第十次特别会议）大会，通过了为联合国所列的最不发达国家（LDC）申请人减费的建议。对于申请资格来自最不发达国家，或者来自主要成员国是最不发达国家的政府间组织的申请人所递交的国际申

---

❶ 《共同实施细则》第 27 条第（4）款。
❷ 《共同实施细则》第 27 条第（5）款（a）项。
❸ 《共同实施细则》第 24 条第（1）款（d）项。
❹ 《共同实施细则》第 27 条第（6）款（a）项。
❺ 《共同实施细则》第 27 条第（6）款（b）项。
❻ 《共同实施细则》第 24 条第（1）款（d）项。
❼ 《共同实施细则》第 27 条第（6）款（b）项。
❽ 《共同实施细则》第 27 条第（6）款（c）项。

请，向 WIPO 国际局缴纳的费用为应缴数额的 10%（与总数额相比）。此项减免还适用于那些申请资格并非仅来自该政府间组织的申请人所递交的国际申请，上述申请需满足的条件是：申请人的其他资格来自最不发达国家的缔约方；或者缔约方不是最不发达国家而是上述政府间组织的成员国，且该国际申请仅受 1999 年文本约束。如果该国际申请有多个申请人，每个申请人都应当满足上述条件。[1]

（五）单独指定费的减费

国际申请中可以包括关于申请人经济状况的说明或者要求，以及相关的证书。这种说明或者要求使申请人在指定某些缔约方时，可以依据缔约方声明享受单独指定费的减费。[2] 根据申请人的经济状况，指定以色列、墨西哥、美国的国际申请，其单独指定费有不同数额的减费。[3]

三、我国的相关规定

（一）国际程序费用的缴纳

通过国家知识产权局提交国际申请文件的申请人，可以通过国家知识产权局向 WIPO 国际局缴纳国际申请的相关费用。

通过国家知识产权局缴纳费用的，当事人应当以传送编号为依据，通过网上缴费或者直接向国家知识产权局当面缴纳相关费用。缴纳费用时应注明正确的传送编号以及缴纳的费用名称。不符合上述规定的，视为未办理缴费手续。

通过国家知识产权局缴纳的国际申请相关费用全部转交 WIPO 国际局，WIPO 国际局以其账户收到费用的日期为缴费日。指定中国的国际申请，WIPO 国际局在收取单独指定费后转交国家知识产权局。国家知识产权局不进行上述相关费用的退费。国际程序中费用相关事宜，由当事人直接与 WIPO 国

---

[1] 《海牙体系指南》关于“费用的缴纳—为最不发达国家（LDC）申请人减费”的相关规定。

[2] 《行政规程》第 408 条（b）项。

[3] 根据以色列法律，申请人主张在先申请优先权的，其国际申请不能享受单独指定费的减费。

际局联系。[1]

(二) 国家知识产权局费用的缴纳

国际申请经 WIPO 国际局公布之后，当事人向国家知识产权局缴纳相关费用的，应当以国家申请号或者国际注册号缴费。[2] 国际申请已提出优先权要求并被 WIPO 国际局接受的，不收取优先权要求费。[3]

第三节 续展、变更和更正

从注册日起计算，国际注册的有效期为五年。注册人在每五年的保护期限届满前需办理续展以获得下一个五年的保护期，国际注册至少可以续展两次，但保护期不得超过每个缔约方允许的最长保护期限。总体来说，国际注册可以在指定的缔约方获得至少十五年的保护期。在保护期限内，注册人可以对所有权、注册人信息等进行变更。

一、续展

(一) 续展的办理

注册人可以通过 eWallet 办理续展事宜。WIPO 国际局也提供了用于续展的 DM/4 表，注册人可以直接从 WIPO 网站下载该表格，通过 Contact Hague 将 DM/4 表直接发送给 WIPO 国际局。

办理续展时，注册人需提供以下必要信息：将要续展的国际注册号；注册人的名称和地址（必须与国际注册簿中登记的名称和地址相同）；指明将要续展的具体外观设计及具体的被指定缔约方；注册人或者其代理人的签章；

---

[1] 《专利审查指南 2023》第六部分第一章 4.1。
[2] 《专利审查指南 2023》第六部分第一章 4.2。
[3] 《专利审查指南 2023》第六部分第二章 6.2。

缴纳的费用以及支付方式，或者在 WIPO 国际局往来账户中扣除所需费用的指示。[1]

（二）续展的期限

在每个五年期届满前约六个月，WIPO 国际局会向注册人及代理人（如有上述情况）发出期限届满的非正式通知，指明国际注册的届满日期。[2]

续展费应最迟于国际注册届满之日向 WIPO 国际局缴纳。但是，在缴纳宽展期额外费的情况下，注册人最迟可在国际注册届满日起六个月内缴纳续展费。一旦超过该期限，国际注册即告届满，不再有效。

如果注册人没有缴纳续展费或者缴纳费用不足，将导致国际注册不可续展，国际注册自前一保护期届满之日起失效。该事实将在国际注册应当续展之日起六个月期限届满之后公布在《国际公报》上。

（三）续展的费用

国际注册的续展费，须由注册人直接向 WIPO 国际局缴纳。这些费用包括：基本费、标准指定费或者单独指定费。[3] 如果 WIPO 国际局收到的续展费用数额少于所需的数额，WIPO 国际局将通知注册人和代理人（如有上述情况），并在通知中注明所缺款额。[4] 如果缴费不足，注册人可以在应当续展之日起六个月内补缴，同时缴纳宽展期额外费；[5] 或者为了免缴未缴纳的数额，注册人可以在应当补缴不足数额的期限前作出请求，请求放弃某些指定的缔约方和/或者外观设计，以此减少应缴费用。[6]

如果在国际注册应当续展之日起六个月期限届满时，WIPO 国际局收到的费用数额仍少于续展所需的数额，WIPO 国际局将不会登记该国际注册的续展，在退还收到的款额后，WIPO 国际局将就此通知注册人和代理人（如有上

[1] 《海牙体系指南》关于“国际注册的续展—续展的程序”的相关规定。

[2] 《共同实施细则》第 23 条。

[3] 《共同实施细则》第 24 条第（1）款（a）项。

[4] 《共同实施细则》第 24 条第（3）款（a）项。

[5] 《共同实施细则》第 24 条第（1）款（c）项。

[6] 《海牙体系指南》关于“国际注册的续展—续展的程序—缴费不足”的相关规定。

述情况）。[1]

（四）续展的特殊情况

1. 部分续展[2]

在续展时，注册人可以对所有外观设计及所有被指定缔约方的国际注册予以续展，也可以指明国际注册不再续展的被指定缔约方和/或者外观设计，即仅对某些被指定缔约方和/或者某几项外观设计的国际注册予以续展。

如果注册人在续展时不希望指定某一或者某些缔约方，或者不希望国际注册的某一项或者某几项外观设计续展，那么注册人在缴纳续展费时应附具一份声明，指明对于哪些缔约方或者哪几项外观设计不续展。

2. 驳回之后的续展[3]

在注册人请求续展之日，已被指定缔约方宣布驳回的国际注册，仍然存在可能涉及该国际注册驳回的未决的司法或者行政程序，注册人的权利可能需要获得保留。因此，对于已被指定缔约方驳回的全部国际注册的外观设计，即使国际注册簿上已登记了指定缔约方对该国际注册的驳回，注册人仍可请求续展涉及该缔约方的国际注册。但是，注册人在缴纳续展费时，必须附上一份声明，说明 WIPO 国际局应当登记涉及在该缔约方的上述国际注册的续展。

同时，已宣布国际注册驳回的被指定缔约方，有权决定该国际注册的续展在其境内的效力。

3. 单独指定费分两部分缴纳的情况[4]

以指定美国的国际申请为例。第二部分单独指定费覆盖国际注册从给予保护之日起的十五年期限。因此，注册人如缴纳第二部分单独指定费，无须办理续展即可维持国际注册指定美国的效力。

但是，注册人也可以缴纳基本费，办理国际注册对指定美国的续展，以

---

[1] 《共同实施细则》第 24 条第（3）款（b）项。

[2] 《共同实施细则》第 24 条第（2）款（a）项。

[3] 《共同实施细则》第 24 条第（2）款（c）项。

[4] 《海牙体系指南》关于“国际注册的续展—续展的程序—美国的单独指定费和续展”的相关规定。

便利用国际注册集中后续管理，例如，在国际注册簿上登记所有权变更。

（五）续展登记和证书

如果续展费在规定期限内缴纳，有关国际注册续展的相关数据将公布在《国际公报》中。如果续展费是在应当续展日之后六个月的宽展期内缴纳，WIPO 国际局仍会将续展登记在国际注册簿上，并标注应续展之日。

国际注册得到续展后，WIPO 国际局会将续展证书寄给注册人。

二、变更

已登记的国际注册涉及所有权的变更、注册人名称和/或者地址的变更、放弃或者限制的，注册人应以相关正式表格向 WIPO 国际局提出。注册人可以通过 Contact Hague 直接将表格发送给 WIPO 国际局。

（一）所有权变更

国际注册所有权的变更，可以涉及国际注册的所有外观设计或者部分外观设计。同样，所有权变更可以针对所有指定的缔约方或者部分指定的缔约方。

在国际注册簿中登记所有权变更，和该国际注册所有权变更的合法性是有区别的。关于国际注册转让契约的合法性条件，是由相关缔约方的国内法规定的，不同缔约方之间的规定可能互不相同。例如，是否需要提交书面确认的转让文件、判断当事人法律资格的年龄证明等。[1]

1. 被登记为新注册人的资格[2]

当受让人在缔约方拥有受让资格时，如果国际注册的所有权发生了变更，新的所有权人（受让人）可以在某个具体被指定缔约方登记为新注册人。

2. 谁能提出变更登记请求[3]

原则上，变更登记请求应当由注册人提出并签字。但如果由注册人签字，

---

[1] 《海牙体系指南》关于“所有权变更”的相关规定。

[2] 《共同实施细则》第 21 条第（2）款（iv）项。

[3] 《共同实施细则》第 21 条第（1）款（b）项。

或者由新的所有权人签字，并附有注册人的缔约方主管局出具的关于新的所有权人是注册人权利继承人的证明，新的所有权人也可以提出所有权变更登记请求。

3. 请求书的内容[1]

所有权变更登记请求中应当包含或者说明以下事项：

相关国际注册号；注册人名称；国际注册新注册人的名称、邮寄地址和电子邮件地址；新注册人符合其成为国际注册的注册人条件的缔约方或者缔约各方；所有权变更的范围：完全变更所有权或者部分变更所有权，即在变更并不涉及全部外观设计和全部被指定缔约方的国际注册所有权时，所有权变更涉及的外观设计的项数和被指定缔约方的数目；缴纳的费用。

4. 变更的登记和效力

只要变更登记请求符合规定，WIPO 国际局会立即将变更信息登记在国际注册簿上，并通知新注册人和原注册人。变更应按照 WIPO 国际局收到符合可适用要求的申请日期登记。如果请求书中要求该项变更在另一项变更之后或者在国际注册续展之后登记，WIPO 国际局应按照要求办理。[2]

在国际注册簿中所作的所有权变更登记，与直接在相应国家或者地区主管局的注册簿上作出的登记具有同等效力。但是，缔约方可以作出声明，在该缔约方主管局收到声明中所列的说明或者文件之前，国际注册簿中登记的所有权变更在该缔约方没有法律效力。[3]

如果登记放弃的请求不符合有关规定，WIPO 国际局将通知注册人。注册人应自通知之日起三个月内对不规范情形予以改正。如果逾期未改正不规范情形，该登记放弃的请求将被视为放弃，WIPO 国际局在扣除相当于有关费用一半的数额之后，退还注册人已付的任何其他费用。[4]

此外，根据缔约方国家或者地区的某些法律规定，不允许登记所有权的部分变更。例如，在某些管辖区，一组外观设计被认为构成一项单一外观设

---

[1] 《共同实施细则》第 21 条第（2）款。
[2] 《共同实施细则》第 21 条第（6）款。
[3] 《海牙协定》1999 年文本第 16 条第（2）款。
[4] 《共同实施细则》第 21 条第（4）款和第（5）款。

计，属于同一组的所有外观设计作为一个整体取得法律保护。因此，构成该组的所有外观设计只能同时转让给同一受让人。此外，在某些管辖区，法律规定了“相似外观设计”制度或者“关联外观设计”制度。在这种特殊条件下注册的外观设计只能同时一并转让。[1]

5. 所有权合并[2]

如果同一人成为因所有权部分变更而产生的两件或者多件国际注册的注册人，则多件国际注册可根据注册人的请求予以合并。合并后的国际注册，应使用被部分转让或者被以其他方式部分转让的国际注册的注册号，并在可适用的情况下加上一大写字母。

（二）放弃和限制

国际注册的放弃，通常涉及国际注册的所有外观设计，但可以针对部分或者全部被指定的缔约方。

登记限制的请求只能用于请求对一件国际注册的限制进行登记。限制不同于放弃，放弃涉及一件国际注册的所有外观设计，但不必涉及所有的被指定缔约方。限制仅涉及与任何或者全部缔约方相关的部分外观设计。

为适应 1999 年文本关于“限制”的要求，国家知识产权局规定：国际申请在国家知识产权局授权公告后，专利权人向 WIPO 国际局提出针对中国放弃部分权利的，该部分放弃的生效日为 WIPO 国际局登记之日。[3]

三、更正

如果 WIPO 国际局依职权或者根据注册人的请求，认定国际注册簿中的国际注册有误，WIPO 国际局应修改国际注册簿的相关内容，并通知注册人。

但是，任何被指定缔约方的主管局，有权在向 WIPO 国际局发出的通知中声明，不承认该更正的效力。[4]

---

[1] 《共同实施细则》第 21 条之二第（1）款。

[2] 《共同实施细则》第 21 条第（8）款。

[3] 《专利审查指南 2023》第六部分第一章 3.6.4。

[4] 《共同实施细则》第 22 条。

第三章 主要缔约方的相关规定

第一节 缔约方局对国际注册的审查

根据《海牙协定》的相关规定，被指定缔约方的主管局不得以国际注册的形式或内容不符合规定的形式要求为由拒绝对其给予保护。但是，当国际注册在《国际公报》上公布后，被指定缔约方主管局可以根据各自国家或者地区的法律，对其进行实质性审查。

一、实质性审查的主要内容

对于国际注册，各缔约方的"实质性审查"没有统一的标准。海牙体系中的"实质性审查"指的是"基于实质性理由的审查（examination on substantive grounds）"。各缔约方主管局对国际注册进行实质性审查的内容通常包括：①申请的外观设计是否属于保护客体；②申请的外观设计是否具备新颖性或者独特性；③申请的外观设计是否存在该缔约方规定的不能被授予外观设计专利权的情况。

目前，涉及实质性审查的缔约方主要包括：中国、日本、韩国、美国、俄罗斯、加拿大、墨西哥和越南等审查局[1]。如果缔约方主管局认为国际注册不符合当地法律关于授予外观设计保护的实质性要求，其必须在该国际注册于《国际公报》上公布之日起六个月（审查局可以声明该期限延长至十二个月[2]）内向 WIPO 国际局发出驳回通知（Notification of Refusal）。[3] 例如，缔约方主管局可基于国际注册的视图没有充分公开请求保护的外观设计的理由发出驳回通知。

---

[1] 根据 1999 年文本的规定，缔约方的主管局要成为"审查局"，其必须依职权检索符合适用法律规定的新颖性条件的在先设计。

[2] 对于 1999 年文本的缔约方，如果其主管局为"审查局"或者国内法规定了外观设计注册异议程序，则主管局发出驳回通知的时间可以延长至十二个月。

[3] 《共同实施细则》第 18 条第（1）款（b）项。

二、驳回通知和给予保护声明

(一) 驳回通知

1. 驳回通知概述

根据《海牙协定》的规定,“驳回通知”并非对国际注册的最终驳回决定。在适用的驳回期限内,驳回通知仅是一个临时性的驳回,注册人可以针对驳回通知请求复审或者上诉。在审查实践中,驳回通知可以:①基于某个主管局依职权审查后作出;②基于第三方提出的异议作出。根据《海牙协定》的规定,主管局必须基于第三方对国际注册提出异议的事实,作出“基于异议对保护的驳回”并通知 WIPO 国际局。[1]

任何被指定缔约方的主管局,都可以依据缔约方的法律审查国际注册。如果国际注册的任何或者全部外观设计未符合该缔约方关于给予外观设计保护的条件,该缔约方的主管局可以部分或者全部驳回上述国际注册在该缔约方的效力。[2]

如果国际注册不满足缔约方的授权标准,缔约方主管局会发出驳回通知,告知注册人以下内容:①发出通知的局;②国际注册号;③驳回所依据的全部理由及所引证的相应的主要法律条款;[3] ④所涉及的在先设计[4]的申请日、申请号、优先权日、注册日期、注册号,一件在先设计的图片或者照片以及《行政规程》所规定的该外观设计所有人的名称和地址;⑤驳回通知所涉及或者所不涉及的外观设计;⑥是否可针对驳回通知进行复审或者提出上诉;⑦宣布驳回通知的日期。缔约方主管局将在驳回通知中告知注册人指定的答

[1] 不能基于该项异议预先判断与其相关的主管局最终作出的决定。

[2] 《海牙协定》1999 年文本第 12 条第 1 款。

[3] 缔约方主管局在驳回通知中说明驳回所依据的全部理由,但这并不妨碍其在后续的处理程序中(包括驳回期限届满之后或者在由权利人启动的上诉程序中)提出新的理由,以作为对权利人反对驳回理由的回应。

[4] 如果驳回理由涉及一件尚未公开的(特别是由于请求了延迟公布)在先注册的外观设计,主管局出于对该在先注册的外观设计副本保密的需要,不能向注册人提供与之相冲突的在先外观设计的信息。在这种情况下,缔约方主管局将在驳回通知中说明驳回的理由涉及尚未公开的在先注册的外观设计。

复期限。[1]

缔约方主管局会将关于国际注册的驳回通知通报给 WIPO 国际局。WIPO 国际局将该驳回通知登记在国际注册簿中，并在《国际公报》上公布。WIPO 国际局将向该国际注册的注册人传送驳回通知副本。[2] 注册人从 WIPO 国际局收到的驳回通知的副本，其语言是被指定缔约方主管局发出该通知时所用的语言。

2. 不规范的驳回通知

缔约方主管局发出的驳回通知可能会出现两种不规范的情形：可以纠正的驳回通知，以及 WIPO 国际局不认可的驳回通知。

如果存在下列情况，驳回通知将不被 WIPO 国际局认可：①驳回通知中未指明有关国际注册号的（除非该通知中含有其他说明，可供 WIPO 国际局识别该国际注册）；②驳回通知中未指明任何驳回理由的；③驳回通知是在可适用的驳回期限届满之后发给 WIPO 国际局的。尽管存在上述三种情况，WIPO 国际局仍会将该驳回通知的副本传送给注册人。同时，WIPO 国际局将告知发出通知的主管局该驳回通知未被认可，并说明理由。

如果驳回通知存在其他方面的不规范情况（例如，驳回通知没有主管局签章或者没有驳回日期），WIPO 国际局仍会将该驳回通知记录在国际注册簿上，并向注册人传送该通知。如果注册人提出请求，WIPO 国际局将要求相关主管局更正上述驳回通知。

（二）给予保护声明

1. 给予保护声明的含义

如果一件国际注册未被发现实质性缺陷，或者国际注册中的实质性缺陷已经被克服，则被指定缔约方主管局可以向 WIPO 国际局发出给予保护声明（Statement of Grant of Protection），表明对国际注册的外观设计给予保护。如果 WIPO 国际局在规定的时间内没有收到被指定缔约方主管局的驳回通知，则该

---

[1] 《共同实施细则》第 18 条第（2）款（b）项。

[2] 《共同实施细则》第 18 条第（2）款（b）项。

国际注册在相关法域内被视为自动生效，产生获得保护的效力。[1] 被授予保护的国际注册具有与在相应缔约方直接提交申请并获得保护的外观设计相同的权利。

2. 给予保护声明的主要内容

给予保护声明的主要内容包括：①发出给予保护声明的缔约方；②国际注册号与外观设计项数；③缔约方给予国际注册保护的日期；④发出给予保护声明的日期。此外，部分缔约方的给予保护声明中还包含：①外观设计的名称、图片等申请信息（例如日本、俄罗斯）；②申请人信息（例如韩国）；③缔约方的审查意见或者给予保护的范围（例如韩国、俄罗斯）；④国际注册在该缔约方的修改内容（例如韩国）；⑤缔约方承认的优先权信息（例如韩国、俄罗斯）。

目前，发出给予保护声明的缔约方主要有：中国、日本、韩国、美国、欧盟、英国[2]、俄罗斯和越南等。给予保护声明将被登记在国际注册簿上，并在《国际公报》上公布。WIPO 国际局将通知相关注册人，并将给予保护声明的副本传送给注册人。

三、在指定缔约方的后续程序

（一）驳回通知的后续程序

如果国际注册的注册人收到 WIPO 国际局发来的驳回通知，其拥有与直接向相关缔约方主管局提交申请的申请人同样的救济权利（例如，修改或者删除视图或者说明书、复审、上诉），该国际注册适用与向该缔约方主管局直接提交注册申请相同的程序。

缔约方主管局可以基于国际注册中的外观设计不符合其法律中关于外观设计单一性要求的理由发出驳回通知。[3] 在上述情况下，注册人可以在该主管

---

[1] 如果缔约方依据《共同实施细则》第 18 条第（1）款（b）项作出声明，或者国际注册在主管局审查程序中经过修改后被保护，则主管局必须向国际局发送给予保护声明。

[2] 英国知识产权局习惯上不会发出给予保护声明。在撤回驳回通知后，英国知识产权局会发出 Statement of Grant of Protection Following a Refusal。

[3] 《海牙协定》1999 年文本第 13 条第 2 款。

局提出分案请求。主管局有权根据分案请求的数量直接向该国际注册的注册人收取分案申请的附加费。[1]

发出驳回通知的主管局可以撤回该通知，撤回驳回的通知可能涉及一件国际注册中的一项或者多项外观设计。[2] 该通知将在国际注册簿上登记，并在《国际公报》上公布。WIPO 国际局将传送该通知的副本给注册人。

（二）在指定缔约方的无效

根据《海牙协定》的规定，“无效”是指由指定缔约方主管机关（不论是行政机关还是司法机关）所作出的任何废除或者撤销某件国际注册中所有或者某几项外观设计在该缔约方有效的决定。

国际注册的无效程序应当与直接向该缔约方主管局申请外观设计保护所适用的无效程序相同。例如，对某一项外观设计的保护，可能在第三方启动的程序中或者在侵权程序的反诉中被撤销。在权利人不能及时获得对其权利进行辩护机会时，缔约方主管机关不得宣布该国际注册无效。

WIPO 国际局会将无效通知以及无效通知中的数据登记在国际注册簿上，并在《国际公报》上公布。

第二节　主要缔约方的特别规定

国际注册公布后，需经过指定缔约方主管局的审查才可以在相关法域获得外观设计的保护。近年来，WIPO 国际局一直致力于外观设计领域的国际协调，各缔约方外观设计申请及审查实践趋于接近。但是，主要缔约方在外观设计的授权条件以及国际注册的审查流程等方面仍然存在一些特殊的规定。本节选取了部分有代表性的缔约方，对外观设计在这些缔约方获得保护的特别规定进行介绍。

---

[1] 《海牙协定》1999 年文本第 13 条第 3 款。

[2] 《海牙协定》1999 年文本第 12 条第 4 款。

一、中国

（一）法律规定

根据我国《专利法》的相关规定，外观设计是指对产品的整体或者局部的形状、图案或者其结合以及色彩与形状、图案的结合所作出的富有美感并适于工业应用的新设计。[1] 国家知识产权局的审查内容包括：外观设计是否属于保护客体，外观设计是否具有新颖性和明显区别、是否具有单一性，视图是否清楚表达，外观设计是否重复授权等。

在我国，仿真设计、美术作品、游戏界面、所属领域司空见惯的几何形状和图案等，不属于外观设计的保护客体。违反法律、社会公德或者妨害公共利益的外观设计，不能被授予外观设计专利权。

（二）申请及审查流程

1. 申请流程

国际申请已确定国际注册日且指定中国时，国际注册日被视为在中国的申请日。指定中国的国际申请应包括视图及简要说明书。

国际申请通常由申请人或者代理人直接向 WIPO 国际局提交，也可以通过国家知识产权局向 WIPO 国际局转交。需要注意的是，通过国家知识产权局向 WIPO 国际局转交的国际申请，需要部分或者全部申请人在中国有经常居所或者营业所，且选择中国作为申请人的缔约方，通信方式中也应包含有中国内地中文通信信息。

国际申请的国际程序相关费用应直接向 WIPO 国际局提交，通过国家知识产权局提交申请文件的，可以通过国家知识产权局缴纳相关费用。缴费时应注明正确的传送编号和缴纳的费用名称，缴费日以 WIPO 国际局收到费用的时间为准。

国际注册公布后，当事人的任何答复意见都必须直接向国家知识产权局提交。国际申请的申请人或者专利权人权利变更的，当事人除了向 WIPO 国

---

[1] 《专利法》第 2 条第 4 款。

际局办理相关手续，还应当向国家知识产权局提交证明文件，证明文件是外文的应当提交中文题录译文。

2. 审查流程

我国外观设计专利的保护期限最长为十五年，指定中国的国际申请最长可以延迟三十个月公布。如果国际注册直接符合授权条件，申请人无须委托中国国内代理人；如果国际注册存在明显实质性缺陷，在国家知识产权局发出驳回通知后，外国申请人需要委托中国代理人在国家知识产权局办理后续的相关事务。

如果国际注册不符合法律规定的授权要求，国家知识产权局会在国际注册公布日起的十二个月内向 WIPO 国际局发送驳回通知。申请人在收到驳回通知后，应当在四个月内对驳回通知进行答复。国家知识产权局以英文文本进行审查，申请人进行答复时应当使用中文提交陈述意见，使用英文对申请文件进行修改。

对于符合授权条件的国际注册，国家知识产权局发出给予保护声明并予以公告，国际注册自公告日起在中国生效。申请人可以请求国家知识产权局出具国际注册的专利登记簿副本，作为在中国给予保护的证明。

3. 优先权的审查

指定中国的国际申请可以要求优先权，优先权分为本国优先权和外国优先权。申请人可以在提出国际申请时使用 DM/1 表的附件 V 提交在先申请文件副本及转让证明等优先权文件，也可以在 DM/1 表中填写 DAS 码。如果申请人未在提交国际申请时上传优先权文件，需要在国际注册公布之日起三个月内向国家知识产权局提交相关文件。在先申请文件副本中可以不包含该副本的中文题录译文。已经要求优先权的，申请人不得向国家知识产权局提出撤回优先权要求。如果指定中国的国际申请被视为未要求优先权，其优先权不予恢复。

对于要求本国优先权的国际申请，如果国家知识产权局已经在国际注册日之前，对在先申请发出授予专利权通知书和办理登记手续通知书，并且申请人已经办理了登记手续的，在后申请视为未要求优先权。

如果在后申请的申请人与在先申请文件副本中记载的申请人不一致，申请人应当在国际注册公布之日起三个月内向国家知识产权局提交相关的证明文件。申请人期满未提交的，视为未要求优先权。国际申请已提出优先权要求并被 WIPO 国际局接受的，不收取优先权要求费。

4. 不丧失新颖性的公开

如果申请人在国际申请中作出了“不丧失新颖性例外”的声明，应当在提出国际申请时以 DM/1 表的附件Ⅱ向 WIPO 国际局提交符合规定的证明文件，或者在自国际注册公布之日起两个月内向国家知识产权局提交有关符合规定的证明文件。

（三）申请文件的要求

1. 视图

指定中国的国际注册中应当就每件外观设计产品所需要保护的内容提交有关图片或者照片。就立体产品的外观设计而言，产品设计要点涉及六个面的，应当提交六面正投影视图；产品设计要点仅涉及一个或者几个面的，应当提交所涉及面的正投影视图，对于其他面既可以提交正投影视图，也可以提交立体图。就平面产品的外观设计而言，产品设计要点涉及一个面的，可以仅提交该面正投影视图；产品设计要点涉及两个面的，应当提交两面正投影视图。

涉及局部外观设计的国际注册，应当提交整体产品的视图，并用虚线与实线相结合或者其他方式表明所需要保护部分的内容（如图 3-1 所示）。整体产品的视图应当清楚地显示要求保护的产品的局部外观设计及其在整体产品中的位置和比例关系。要求保护的局部包含立体形状的，提交的视图中应当包括能清楚显示该局部的立体图。

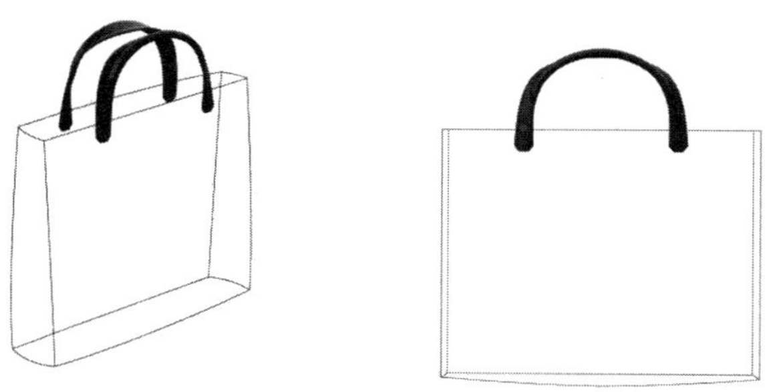

图 3-1　国际注册 DM/223551 的部分视图

设计要点包括图形用户界面的国际注册，申请人可以以产品整体或者局部外观设计方式提交申请。对于可应用于任何电子设备的图形用户界面，申请人可以以不带有图形用户界面所应用产品的方式提交申请。对于动态图形用户界面，申请人应当提交图形用户界面起始状态所涉及面的视图作为主视图，其余状态可提交图形用户界面关键帧的视图作为变化状态图，所提交的视图应能唯一确定动态图形用户界面完整的变化过程。

2. 简要说明书

指定中国的国际申请应包含简要说明书，简要说明书中应当写明外观设计的设计要点。外观设计的设计要点是指与现有设计相区别的产品的形状、图案及其结合，或者色彩与形状、图案的结合，或者部位。如果设计要点包含色彩，申请人应当在简要说明中声明请求保护色彩。

（四）单一性的要求

1. 合案申请

指定中国的一件国际申请应当限于一项外观设计。同一产品两项以上的相似外观设计（如图 3-2 所示），或者属于同一类别并且成套出售或者使用的产品的两项以上的外观设计，可以作为一件申请提出。

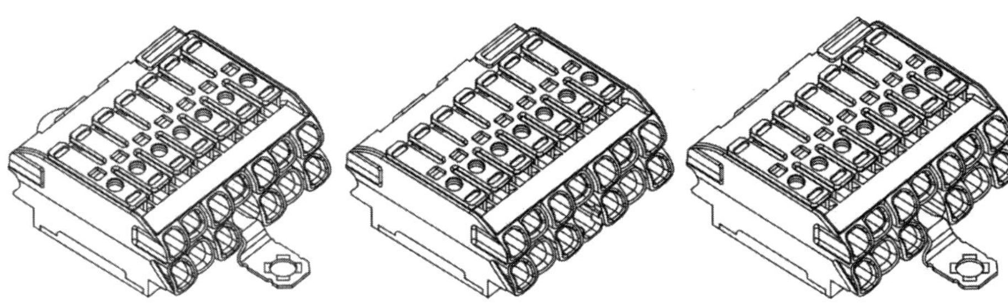

图 3-2 国际注册 DM/223119 的部分视图

成套产品中不应包含某一件或者几件产品的相似外观设计。同一产品的两个或者两个以上无连接关系的局部外观设计，如果具有功能或者设计上的关联并形成特定视觉效果的，可以作为一项外观设计。例如，眼镜中的两个镜腿的设计、手机上四个角的设计。

2. 分案申请

一件国际申请包括两项以上（含两项）外观设计的，申请人可以主动提出或者依据审查员的审查意见提出分案申请。分案申请应作为国家申请提交。

申请人主动提出分案申请的，应当自国际申请在国际局公布之日起两个月内提出。申请人按照审查员的审查意见提出分案申请的，最迟应当在原申请的国内公告日起两个月内提出。上述期限届满后，或者原申请已被驳回，或者原申请被视为撤回且未被恢复权利的，一般不得再提出分案申请。

二、美国

（一）法律规定

根据《美国法典》第35编的相关规定，美国外观设计专利可对任何工业产品的新的、独创的和装饰性的外观设计提供保护。[1] 美国专利商标局的实质性审查主要包括：外观设计是否属于保护客体，外观设计是否具有新颖性、非显而易见性、装饰性和实用性，外观设计是否充分公开、是否具有单一性、是否重复授权等。

如果外观设计申请涉及冒犯种族、宗教、性别、族裔群体或者国籍的主题，或者产品模拟了众所周知或者自然发生的人或者物，那么属于不可授权的客体。[2]

（二）申请及审查流程

当国际申请指定美国时，其申请日是国际注册日。指定美国的国际注册必须包括关于设计人身份的说明以及设计人的宣誓或者声明。

指定美国的国际申请不接受申请人提出的延迟公布请求，根据申请人的选择，国际申请可以在注册后立即公布，或者在国际注册之日起十二个月后公布。

国际注册公布后，申请人在美国专利商标局办理事务时，其任何答复意

---

[1] 35 U. S. C. 171.

[2] Manual of Patent Examining Procedure, 1504. 01 (e) Offensive Subject Matter [R－07. 2015], 1504. 01 (d) Simulation [R-08. 2012].

见都必须以书面形式直接向美国专利商标局递交。申请人可以直接办理国际注册的相关事务，也可以由一名或者多名在美国专利商标局注册执业的专利代理人代理该国际注册。

要求了优先权的国际注册，其“优先权证明文件”应当在审查期间并且在缴纳第二部分单独指定费（授权费）之日或者之前向美国专利商标局提交。申请人可以通过书面形式提交“优先权证明文件”，也可以在提交申请时提供DAS码代替上述文件。申请人在提交“优先权证明文件”时还必须提交经签名的附函，指出“优先权证明文件”针对的国际注册。如果申请人逾期未提交“优先权证明文件”，授权的外观设计专利中将不包含优先权。

如果美国专利商标局认为国际注册不符合美国法律规定的实质性保护要求，其会在国际注册公布后的十二个月内向WIPO国际局发送驳回通知。申请人应当在驳回通知规定的答复期限内直接向美国专利商标局答复，答复驳回通知的期限一般为两个月或者三个月，依据驳回理由的性质而有所不同。申请人可以在答复驳回通知的指定期限内请求延长答复期限，总共可延长六个月（从发出驳回通知的日期起算）。

如果没有发现驳回理由或者驳回缺陷得以克服，美国专利商标局会就每件国际注册向申请人和WIPO国际局发出缴纳第二部分单独指定费的通知（Notice of Allowance）。申请人在上述通知规定的期限内向WIPO国际局（使用瑞士法郎）或者美国专利商标局（使用美元）缴纳第二部分单独指定费（授权费）之后，美国专利商标局会向WIPO国际局发送给予保护声明，并对授权的国际注册进行授权公布。国际注册自美国专利商标局发出给予保护声明之日起在美国生效。

（三）申请文件的要求

1．视图

指定美国的国际注册需要提交足够数量的视图，以确保要求保护的外观设计清楚和被充分公开。指定美国的国际注册的视图要确保揭示产品的每一个细节。除了六面视图和立体图，申请人可以通过合适的表示阴影的线、点或者其组合来表示产品的设计，清楚、充分地限定产品的形状或者轮廓甚至特殊的表面设计。

例如，国际注册 DM/097178 中仅包含 3 幅视图——1 幅立体图和 2 幅正投影视图。美国专利商标局在驳回通知中提出了驳回意见，认为该国际注册中的视图数量不足、没有使用阴影等方式充分地表示产品的形状和构造。

对于立体产品而言，提交的视图中缺少适当的表面阴影可能导致外观设计的形状和轮廓不具备可实施性。以线条图提交的国际注册的视图可以用表示阴影的线或者点（如图 3-3 所示）适当地表示出表面阴影，从而清楚地显示产品的所有表面特征和轮廓。如果申请人最初提交的视图中不能清楚地显示外观设计的形状和轮廓，后期修改时再增加表面阴影可能会被审查员认为“超出申请时表示的保护范围”。

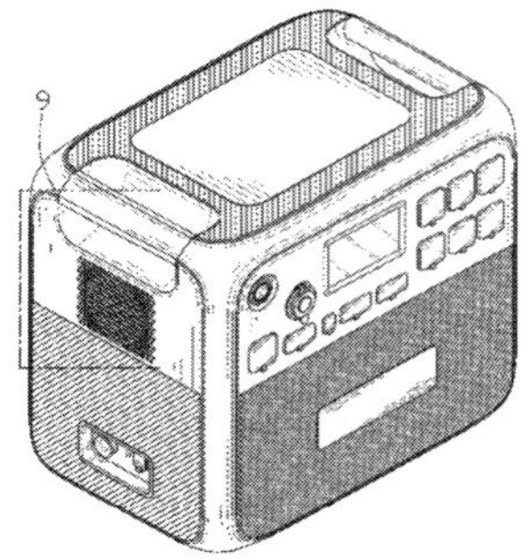

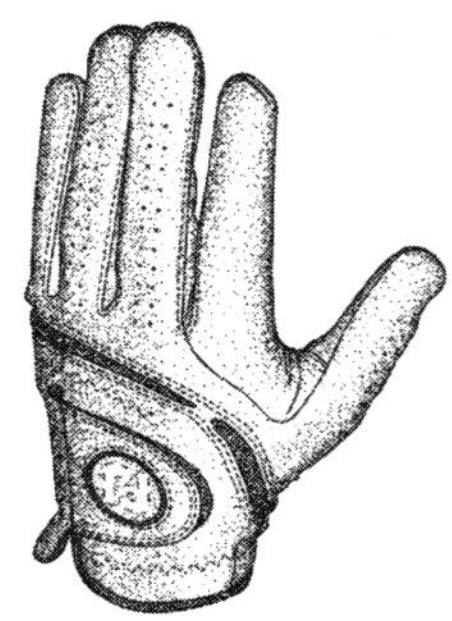

图 3-3　美国外观设计专利 D929935 和 D930255 的部分视图

涉及局部外观设计时，美国专利商标局要求视图中一般采用实线绘制要求保护的部分，采用虚线绘制其他不要求保护的部分。虚线可以表示可见的环境结构，但不得用于表现隐藏的表面。

当视图相同或者对称、在使用中不可见或者视图中不包含装饰性时，申请人可以省略部分视图。如果视图中显示的外观设计不一致，美国专利商标局会以“国际注册中的复制件不足以全面公开工业品外观设计”为由提出驳回意见。

2. 设计人声明

指定美国的国际注册必须在 DM/1 表中说明设计人身份，并通过附件 I 提交设计人声明。如果有多个设计人，则每个设计人都应当签署声明。

如果由于一种或者多种原因（设计人已故或者在法律上无行为能力、设计人拒绝签署声明、经过努力仍无法联系到设计人的），无法在设计人声明中提供设计人签名的，申请人应当在国际申请中附上由申请人签署的替代声明。

3. 权利要求书

指定美国的国际注册必须包括权利要求书以及一项权利要求。❶

权利要求书应当填写在 DM/1 表中，即"如图所示及所描述的某产品的装饰性外观设计"。申请人应当在空格中指明体现该外观设计或者应用该外观设计的产品。当一件国际注册中包含多项外观设计时，产品名称应当涵盖所有要求保护的实施例。国际申请中缺少权利要求书的，WIPO 国际局将要求申请人自申请之日起三个月内补正。

（四）单一性的要求

由于美国外观设计专利中仅允许包含一项权利要求，所以指定美国的国际注册中只能包含一项独立的、独特的外观设计。❷ 例如，分别应用于眼镜和门把手的两项外观设计涉及两件独立的产品，必须在不同的国际注册中要求保护；两个具有不同表面装饰纹路从而形成不同造型的瓶子的外观设计也必须分开要求保护。但是，单一设计构思的实施例可以包含在一件国际申请中。例如，具有非常微小的轮廓差异的两个瓶子的外观设计可以被认为是单一设计构思，这两项外观设计可以作为两个实施例包含于一件国际注册中。

如果国际注册中包含一项以上的外观设计，美国专利商标局将审查这些外观设计是否是单一外观设计的不同实施例，即，这些外观设计彼此之间是否没有可专利性的差异。如果国际注册中包含了几项具有可专利性差异的外观设计，美国专利商标局将发出驳回通知。例如，国际注册 DM/087094 中包含了 6 项外观设计，美国专利商标局的审查员认为实施例 1、3、5 和 6 属于一组具有单一性的外观设计，实施例 2 和 4 属于另一组具有单一性的外观设计，因此要求申请人对该国际注册进行限制。

国际注册的申请人可以向美国专利商标局提出分案申请或者在六个月的

---

❶ 37 CFR 1.1021（b）（1），37 CFR 1.1025.

❷ 35 U.S.C. 121.

优先权期限内（前提是没有其他在先的优先权）提出新的国际申请（包含对美国的指定，可以要求第一件国际申请的优先权）。分案申请可以在母案申请未结案之前的任何时间提交。

三、日本和韩国

（一）法律规定

根据日本《外观设计法》的相关规定，外观设计是指能够引起视觉上的美感的物品（包括物品的一部分）的形状、图案、色彩或者其结合，建筑物（包括建筑物的一部分）的形状、图案、色彩或者其结合以及图像（包括图像的一部分，仅限用于设备操作或者因适用设备功能而显示的内容）。[1] 日本特许厅对外观设计实质性审查的内容主要涉及：外观设计是否属于允许保护的客体；外观设计是否具备新颖性和创造性、是否存在相同或者类似的在先申请等。

根据韩国《外观设计保护法》的相关规定，外观设计是指通过视觉给人产生美感的产品（包括产品的部分，字体和图像）的形状、图案、色彩或者其结合。[2] 韩国特许厅的实质性审查内容包括：外观设计是否符合获得注册的条件，外观设计是否具有新颖性、工业实用性以及是否容易创作，外观设计是否符合先申请等原则。

此外，依据日本和韩国的法律规定，除外观设计的视图之外，产品名称也对外观设计的保护范围具有限定作用。为避免外观设计的保护范围过于宽泛，不允许使用例如“施工材料”这样的概括性术语指示产品。因此，如果申请人在国际注册中指定了日本或者韩国，应使用明确产品用途的术语来指明产品名称。

（二）申请及审查流程

1. 日本

指定日本的国际注册最长可以延迟三十个月公布。外国申请人在日本特许厅

---

[1] 日本《外观设计法》第 2 条。

[2] 韩国《外观设计保护法》第 2 条第 1 款。

办理事务必须委托日本代理人（包括向日本特许厅提交“优先权证明文件”等）。

如果日本特许厅认为国际注册不符合日本法律规定的实质性保护要求，会在国际注册公布后的十二个月内向 WIPO 国际局发送驳回通知。日本特许厅以英文文本进行审查。申请人应当以日文答复通知书，当涉及修改产品名称等情况时，申请人需要提交英文文本。

作为对日本特许厅发出的驳回通知的回应，国际注册的申请人可以向日本特许厅提交书面意见或者修改申请文件。外国申请人应当在三个月答复期限内直接向日本特许厅答复，本国申请人的答复期限为六十天。自 2021 年 4 月 1 日起，所有申请人都可以请求将答复期限延长两个月。

在国际注册的驳回缺陷得到克服后，日本特许厅会向 WIPO 国际局发送给予保护声明或者撤回驳回的通知。国际注册在日本生效之后，日本特许厅会以英文和日文再次公布该国际注册。

当国际申请中要求了优先权时，申请人应当在提交申请的同时，以 DM/1 表的附件Ⅴ向 WIPO 国际局提交 PDF 格式的优先权证明文件，或者在国际注册公布日起的三个月内向日本特许厅提交“优先权证明文件提交书”以及“优先权证明文件”。申请人也可以在 DM/1 表中填写 DAS 码。如果申请人要求了优先权但没有提交相关证明文件，日本特许厅会在国际注册公布后一周向申请人发送提醒函，提醒其提交“优先权证明文件”。

如果申请人在国际申请中作出了“不丧失新颖性例外”的声明，其应当在提交申请时以 DM/1 表的附件Ⅱ向 WIPO 国际局提交 PDF 格式的证明文件，或者在国际注册公布之日起三十日内通过当地代理人向日本特许厅提交上述证明文件。

2. 韩国

指定韩国的国际注册最长可以延迟三十个月公布。国际注册的注册人必须委托在韩国国内具有地址的专利代理人代理相关事务。如果注册人居住在国外，必须通过韩国代理人提交“优先权证明文件”。

韩国对外观设计的申请实行实质性审查与部分实质性审查。自 2020 年 12 月 1 日起，韩国特许厅对洛迦诺分类中的第 1、2、3、5、9、11 和 19 大类的国际注册进行除新颖性之外的部分实质性审查，对于洛迦诺分类中的其他类别（第32大类除外），韩国特许厅根据实质性理由进行全面审查。值得注意的是，洛迦诺第32大类的产品的外观设计在韩国不受保护。

对于进行实质性审查的国际注册，韩国特许厅发出驳回通知的期限是国际注册公布之日起十二个月内。对于进行部分实质性审查的国际注册，其驳回期限为国际注册公布之日起六个月内。韩国特许厅审查英文文本。申请人可以用韩文答复驳回通知，但必须使用英文提交修改文本。申请人答复驳回通知的期限是两个月，自答复期限期满之日起可延长4次，每次一个月。

国际注册自韩国特许厅发出给予保护声明之日起具有保护的效力。如果国际注册被驳回（部分或者全部）但随后驳回通知又被撤回，国际注册自最后一次给予保护声明之日起具有保护的效力。韩国不会再公告指定韩国并在该国生效的国际注册，韩文公布仅用于为公众提供服务。

对于指定韩国的国际申请，申请人可以通过WIPO国际局以DM/1表的附件Ⅴ提交“优先权证明文件”，或者在DM/1表中填写DAS码，申请人也可以在国际注册公布之日起三个月内直接向韩国特许厅提交“优先权证明文件”。如果申请人未在规定期限内提交“优先权证明文件”，该国际注册的优先权在韩国不成立。

申请人可以将“不丧失新颖性例外的证明文件”作为DM/1表的附件Ⅱ与国际申请一起向WIPO国际局提交，也可以将其直接提交给韩国特许厅。直接向韩国特许厅提交证明文件的，申请人应当在国际注册公布之日起三十日内通过当地代理人向韩国特许厅提交。申请人也可以在复审、无效或诉讼程序中提交上述文件。

（三）申请文件的要求

1. 视图

（1）日本

自2019年5月1日起，日本放宽了对六面视图的要求，对外观设计申请的视图数量不作限制。但是，在申请时提交足够数量的视图，以确保要求保护的外观设计被充分公开和清楚依然是国际注册在日本获得有效权利的重要保证。

指定日本的国际注册收到“外观设计不适于工业应用”这一审查意见的

比例较高，这与国际注册的视图是否清楚、充分公开有关。除六面视图之外，申请人可利用立体图、局部放大图、剖视图、剖面图、变化状态图等来清楚显示外观设计的细节，从而揭示产品的全部构成要件。此外，国际注册应当避免出现各视图中显示的产品不一致的情况。在提交剖面图或者剖视图的时候，申请人需要在视图中标记剖切位置或者在简要说明书中作出说明。

对于成套产品的外观设计，申请人一般应当提交成套产品中每个产品的正投影视图、立体图以及产品组合状态的视图（如图 3-4 所示），以显示所有产品组合起来后具有的统一性。

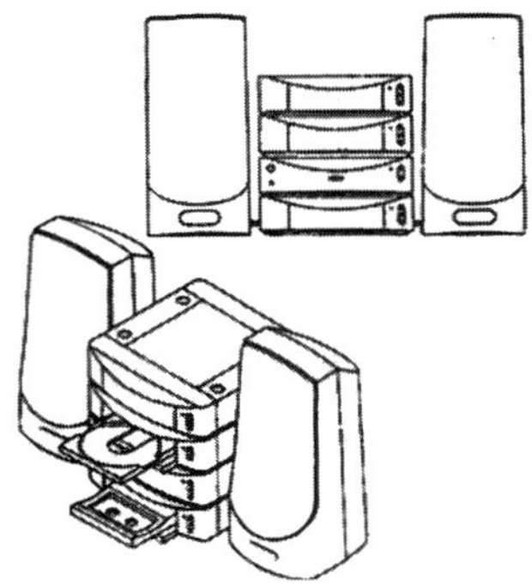

图 3-4　日本成套外观设计的组合状态图❶

涉及局部外观设计时，申请人提交的视图必须能够表明要求获得保护的部分在产品整体中的位置、大小与范围，视图中应当显示不需要保护的产品的部分。申请人可以在视图中采用实线绘制要求获得保护的部分，采用虚线绘制其他部分（如图 3-5 所示），也可以通过不同的色块来区分要求获得保护的部分与其他部分。

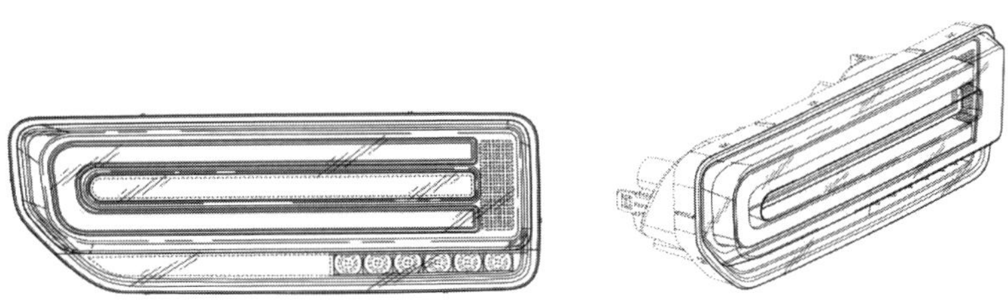

图 3-5　国际注册 DM/202805 的部分视图

❶ 《日本外观设计审查基准》第 7 部分第 2 章。

(2) 韩国

为了清楚地显示要求保护的外观设计，指定韩国的国际注册需要包含多幅视图，通常包括1幅立体图和6幅正投影视图，正投影视图需按照相同的比例绘制。如果申请人觉得必要，可以提交外观设计的放大图、剖面图、剖视图等。

对于国际注册中视图存在的缺陷，韩国特许厅可能会以“公开不充分”或者“缺乏工业实用性”为理由发出驳回通知。例如，缺少某一视图、各视图彼此不一致、视图没有显示出图案的连续性或者重复的规律、视图不清晰等。在表示同一外观设计的时候，如果申请人混合使用了线条图和照片视图，那么韩国特许厅可能会认为其表达了两项外观设计，从而发出驳回通知。

根据韩国加入《海牙协定》时作出的声明，对于成套产品的外观设计，申请人应当提交包含所有产品整体的一幅视图以及每个套件产品的相关视图。对于字体设计，申请人应当提交给定字符的视图、例句和典型字符。

此外，在涉及局部外观设计时，申请人应提交完整产品的视图，需要保护的部分必须用实线表示，不需要保护的其他部分用虚线等表示（如图 3-6 所示）。

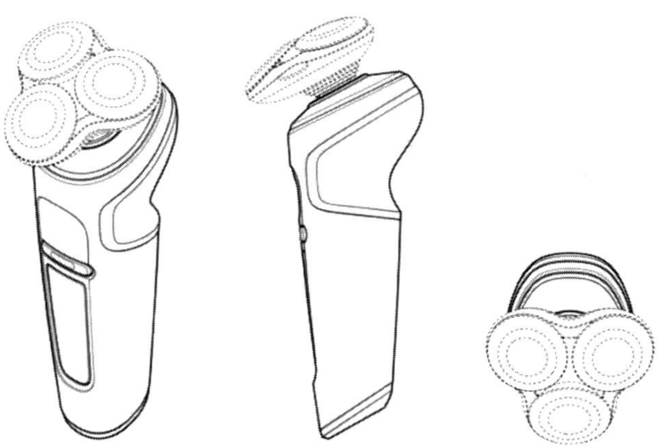

图 3-6　国际注册 DM/102737 的部分视图

2. 简要说明书

(1) 日本

日本外观设计申请中的简要说明书通常包括两部分内容：对外观设计产

品的说明，即对产品（或者要求获得注册的产品的部分）的用途及功能的说明，以及对外观设计（或者要求获得注册的产品的局部外观设计）的说明。

自 2019 年 5 月 1 日起，日本取消了对局部外观设计说明的要求。为了避免因为缺少说明而可能导致的问题，申请人可在简要说明书中对放弃保护的部分如何标注作出解释。如果用虚线、表示阴影的线或者色块标注放弃保护的部分，而没有对如何识别外观设计中被放弃的部分作出解释，可能造成视图表达不清楚。

简要说明书还可以包括对产品的透明部分、剖视图或者剖面图的剖切位置的说明等内容。如果用表示阴影的线或者点表达产品的三维形状，则需在简要说明书中进行说明以避免被误认为是花纹（除非是特别明确的情况，如眼镜片的玻璃采用阴影线表示）。例如，国际注册 DM/100020 的简要说明书中明确表示“图中的阴影线表示产品轮廓，并不构成表面装饰”。

如果指定日本的国际注册是具有活动部件的外观设计（例如，盒盖打开时有玩偶从盒子中跳出的玩偶匣，或仅在使用时伸出闪光部件的相机），申请人必须在简要说明书中描述该外观设计是“具有活动部件的外观设计”，并且解释其如何变化。

（2）韩国

根据韩国《外观设计保护法》的规定，指定韩国的国际注册的简要说明书不适用韩国《外观设计保护法》的有关规定。但在一些特殊情形下，例如需要通过简要说明书补充说明视图显示的外观设计时，简要说明书可能是必要的，否则可能会导致该国际注册缺乏工业实用性的缺陷。

例如，国际注册 DM/088730 在申请时仅提交了“织物”的一个图案单元的视图，韩国特许厅在驳回通知中指出，该申请不符合韩国《外观设计保护法》第 33 条第（1）款的规定，需要修改视图来充分显示图案的连续性。因此，申请人对视图进行了修改，并增加了说明“外观设计图案在横向和纵向重复”，从而充分显示图案单元的重复规律。

对于局部外观设计，其名称应该是整体产品的名称，而不能是局部产品本身的名称。例如，国际注册 DM/085472 中设计 3 和设计 4 要求保护的分别是汽车的前灯和尾灯，申请人在收到驳回通知后分别提交了除仰视图之外的其他正投影视图和立体图，并修改产品名称为“机动车”。

（四）“一设计一申请”原则

在日本，一件外观设计申请仅能够包含一项外观设计，即所谓“一设计一申请”原则。[1] 局部外观设计则限于一件产品的一个区域。但是，日本并未禁止一件国际注册中包含多项外观设计。所以，如果一件国际注册中包含了多项外观设计，其在进入日本国内程序时会被日本特许厅主动拆分为若干个单独的外观设计申请（具有单独的日本国内申请号）。日本特许厅将对多项外观设计分别进行审查，并针对每一项外观设计发出一份通知书。如果拆分出的外观设计与基本外观设计相似，日本特许厅将认为它们属于关联外观设计。在同一产品的两个部分具有对称形态、成组形态或者体现了功能上的关联性等情况下，可以作为一件局部外观设计申请提出。

指定日本的国际注册为成套产品时可以在一件国际申请中提出，但是成套产品的外观设计构成一项外观设计权，其中的每个套件产品没有独立的外观设计权。成套产品必须属于日本向 WIPO 总干事声明的 43 类成套产品之一，而且其外观设计在整体上应具有统一性。

韩国允许 100 项以内的大类相同的外观设计以一件国际申请的方式提出，即多项外观设计申请。多项外观设计申请中的每项外观设计都可以产生权利。韩国要求国际注册中包含的每项外观设计都要分别符合单一性要求。如果外观设计不符合单一性要求（例如，设计 1 中包含了多项设计），韩国特许厅会发出驳回通知，要求申请人提交作为国内申请的分案申请。分案的外观设计应当从国际申请中删除，并由韩国特许厅通知 WIPO 国际局。申请人只能应审查员的要求提出分案请求，不允许申请人主动提交分案申请。

韩国还规定了关于成套产品的外观设计。两种或者两种以上通常一起销售或者使用的产品的外观设计，如果其作为成套产品在整体上是统一的，可以作为成套产品的外观设计提交。成套产品仅限于明确规定在韩国《工业品外观设计保护实施条例》附录中的 86 类产品。申请人在提交成套产品的外观

[1] 日本《外观设计法》第 7 条。

设计时，除了提交各部件单独的视图，还应当提交包含每个部件的一幅视图。

（五）关联外观设计

在日本，关联外观设计制度是禁止重复授权原则的例外情形。一般来说，关联外观设计需要满足以下要求：关联外观设计与基本外观设计属于同一申请人，且必须同时转移；关联外观设计既可以与一项基本外观设计相似也可以与另外一项关联外观设计相似，从而形成关联关系并构成一系列关联外观设计中的一项。关联外观设计应当在基本外观设计申请日起十年内提交，可以获得自基本外观设计申请日起二十五年的保护。若关联外观设计是通过海牙体系提交的国际注册，则申请日指的是国际注册日。

在韩国，权利人或者申请人提交与已授权或者已申请的外观设计相似的外观设计时，如果是在已授权或者已申请外观设计的申请日起一年内提交的，可以将相似的外观设计以关联外观设计的形式提交。与授权的关联外观设计或者正在申请中的关联外观设计近似的外观设计无法获得授权，即关联外观设计只能与基本外观设计关联。[1] 当国际申请包含的外观设计（或者其部分）属于相似的外观设计时，其中的一项外观设计会被要求确定为基本外观设计，而其他相似的外观设计则作为关联外观设计。

四、欧盟、英国和俄罗斯

（一）法律规定

根据欧盟《共同体外观设计保护条例》的规定，外观设计是指产品的整体或者部分的外观特征，尤其是线条、轮廓、色彩、形状、产品本身的材质和/或者材料以及装饰。其中产品指任何工业产品或者手工制品，包括包装、装潢、图形和字体设计，以及用以装配成复合产品的部件，但是计算机程序除外。[2] 产品属于复合产品或是其部件决定了外观设计获得保护的程度。对于复合产品的部件来说，其只有在使用状态可见时，相应可见部分才能够得到

---

[1] 韩国《外观设计保护法》第35条。

[2] COUNCIL REGULATION (EC) No 6/2002 of 12 December 2001 on Community designs, Article 3.

外观设计保护。此外，国际注册还应符合欧盟关于公序良俗的规定。如果发现某项外观设计违反欧盟部分国家的公序良俗，该国际注册就会被驳回。[1]

英国《注册外观设计法》保护产品的全部或者部分的二维和三维的外观设计，这些外观设计是由包括线条、轮廓、形状、纹理和装饰等许多特征产生的。[2] 英国会依据除新颖性之外的实质性理由进行审查，审查内容包括：要求保护的外观设计是否符合外观设计的定义、是否属于单纯由技术功能决定的外观设计、是否符合公序良俗、是否包含了受保护的标志。需要注意的是，在正常使用过程中不可见的复杂产品的部件不受法律保护。

根据《俄罗斯联邦民法典》的相关规定，工业或者自制产品的外观设计方案可作为外观设计获得保护；其中，工业品外观设计的实质特征是指决定产品外观的美学细节的特征，包括形状、构造、装饰、颜色和线条图案，产品的轮廓，制造产品的材料的纹理或者精加工效果；仅由产品技术功能决定的特征不属于外观设计的受保护的特征。[3] 如果外观设计依其实质特征具有新颖性和独创性，则依法予以保护。俄罗斯联邦知识产权局对国际注册进行全面的实质性审查，内容包括外观设计的单一性、原创性、新颖性、是否违反公序良俗等，也会对国际注册是否属于保护对象进行审查。仅由产品的技术功能决定的外观设计，以及在产品的制造商、产品的产地或者使用该产品作为包装、标贴的商品的产地等方面可能误导消费者的外观设计，不能被授予外观设计权。

（二）申请及审查流程

1. 欧盟

指定欧盟的国际注册延迟公布的最长期限为自申请日起三十个月。在向欧盟知识产权局提交答复意见时，在欧盟境内没有住所、主要营业地或者真实有效的工商机构的自然人或者法人，必须委托欧盟境内具有住所或者居所

---

[1] COUNCIL REGULATION (EC) No 6/2002 of 12 December 2001 on Community designs, Article 9.

[2] The Registered Designs Act 1949 (updated to April 2022), Article 1 (2).

[3] Civil Code of the Russian Federation (2006) (with amendments and additions till February 25, 2022), Part Four, Article 1352.

的代理人办理国际注册在欧盟的相关事务。❶

如果欧盟知识产权局认为指定欧盟的国际注册违反了相关规定，会在国际注册公布之日起六个月内向 WIPO 国际局发送驳回通知，说明驳回理由并指定答复期限，驳回通知的答复期限是自通知之日起两个月。在申请人说明理由的情况下，答复期限最多可以延长六个月。

在答复驳回通知的时候，申请人可以放弃国际注册对欧盟的指定，或者将该国际注册限制到申请中的一项或者几项外观设计、修改产品名称或者提交答复意见。欧盟知识产权局不允许修改外观设计视图以克服关于国际注册的驳回意见。❷

如果没有发现驳回理由，欧盟知识产权局将发送给予保护声明并通知 WIPO 国际局。自国际注册日起，国际注册在欧盟产生给予保护的效力。如果欧盟知识产权局发送针对部分或者全部外观设计的驳回通知，且在申请人答复后又撤回了该驳回通知，其也将立即通知 WIPO 国际局。该国际注册仍然自国际注册日起产生给予保护的效力。欧盟知识产权局不会再公布在欧盟生效的国际注册。

欧盟知识产权局不审查国际申请的优先权、不要求申请人提供“优先权证明文件”，也不需要申请人作出关于“不丧失新颖性例外”的声明。欧盟知识产权局收到的任何文件都将被归档，对国际注册获得保护没有影响，但在当事人之间的双方程序中，上述文件可以作为判定的依据。指定欧盟的国际申请可以在首次展示后六个月内要求展会优先权，且应当在国际申请中说明展览会的名称、展览会的地点以及首次展示的日期。展会优先权的效力是，该外观设计在官方认可的展览会上展出的日期被视为提交欧盟注册外观设计申请的日期。

在欧盟，注册外观设计在申请日或者优先权日之前有十二个月的宽限期。如果外观设计的设计人或者其继承人在该期限之内披露了该外观设计，该披露不会影响欧盟注册外观设计的有效性。第三人因设计人或者其继承人提供

---

❶ 这些代理人包括在欧盟任一成员国具有资格的法律从业人员或者欧盟知识产权局所列出的专业代理人。

❷ COUNCIL REGULATION (EC) No 6/2002 of 12 December 2001 on Community designs, Article 11a (2).

的信息或者采取的行动而作出的披露行为也适用该条款。例如，对于第三人公开的外观设计抄袭自宽限期内由权利人自己在先披露的外观设计的情况，可适用宽限期。对设计人或者其继承人的侵犯导致的披露，也可以适用宽限期。[1]

2. 英国

指定英国的国际注册能够延迟公布的最长期限是自国际注册日起十二个月。这一期限不能延长。国际注册的申请人如果位于欧洲经济区（EEA），其可以直接向英国知识产权局提交相关文件。

如果英国知识产权局发现国际注册中存在实质性缺陷，会在六个月内发出驳回通知并通知 WIPO 国际局，申请人有两个月的答复期限，并且有可能获得一次延期的机会。

根据相关规定，指定英国的国际注册自国际注册日起生效。英国知识产权局不会再公布在英国生效的国际注册及续展的情况。

指定英国的国际申请如果要求了优先权，英国知识产权局通常不要求申请人提交“优先权证明文件”。但是，如果审查员提出了要求，申请人必须在审查员指定的期限内向英国知识产权局提交上述文件。

在英国，以下几种披露不影响外观设计的新颖性：①在保密条件下（不论是明示还是默示）向设计人或者其继承人以外的人作出的披露；②由设计人或者其继承人在申请日前的十二个月内作出的披露；③在申请日前的十二个月内，由设计人或者其继承人以外的人因设计人或者其继承人所提供的信息或者所采取的其他行动而作出的披露；④在申请日前的十二个月内，对设计人或者其继承人的侵犯导致的披露。[2]

3. 俄罗斯

俄罗斯不接受国际注册的延迟公布，也不会再公布国际注册及续展的情况。国际注册在俄罗斯的国内程序必须委托在俄罗斯注册的代理人办理。但是，提交“优先权证明文件”的原件不需要委托俄罗斯的代理人。

---

[1] COUNCIL REGULATION (EC) No 6/2002 of 12 December 2001 on Community designs, Article 7 (2).

[2] The Registered Designs Act 1949 (updated to April 2022), Article 1B (5) (b), Article 1B (6) (c).

俄罗斯联邦知识产权局对国际注册进行实质性审查，所以俄罗斯联邦知识产权局向 WIPO 国际局发送驳回通知的期限是自国际注册公布起十二个月内。

对于指定俄罗斯的国际注册来说，如果俄罗斯联邦知识产权局发出的驳回理由是该国际注册不符合单一性的要求，那么申请人可以从国际注册中选择一项或者一组符合单一性要求的外观设计。对于指出单一性缺陷的驳回通知，申请人的答复期限是三个月，且不能请求延期。对于从国际注册中排除的外观设计，申请人可以将其作为俄罗斯的国内申请直接向俄罗斯联邦知识产权局提交分案申请。

对于其他实质性缺陷，申请人可以在俄罗斯联邦知识产权局发出驳回通知之日起七个月内向专利纠纷庭上诉。在此阶段，俄罗斯联邦知识产权局在发出驳回决定之前可能发送审查意见，申请人可以在三个月内（可以延长十个月）提交争辩意见以及相关文件。

如果指定俄罗斯的国际申请要求了优先权，那么申请人应当在国际注册公布之日起三个月内向俄罗斯联邦知识产权局提交“优先权证明文件”原件。在提交“优先权证明文件”的同时，申请人应当提交一份对格式没有特别要求的附函，指明相关申请或者注册。逾期未提交“优先权证明文件”的，该国际注册将被视为未要求优先权。

如果外观设计的信息是由设计人、申请人、直接或者间接从他们那里获得上述信息的第三方在国际申请日前十二个月内披露的，不会导致该国际注册在俄罗斯丧失新颖性。

（三）申请文件的要求

1. 视图

（1）欧盟

欧盟知识产权局对于国际注册中外观设计视图的审查相对宽松。但是，对于授权后的注册外观设计的视图，不同管辖法院则可能有不同的解释。因此，视图的表现形式可能会对注册外观设计的保护范围带来显著的影响。

例如，在关于 Trunki 乘骑式动物行李箱外观设计侵权案[1]中，英国最高法院[2]认为，即使是黑白视图，其中色彩的对比依然会对注册外观设计的保护范围产生限定作用（如图 3-7、图 3-8 所示）。

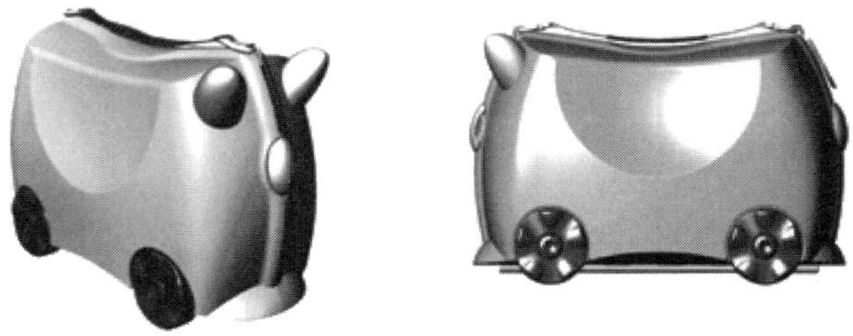

图 3-7　欧共体注册外观设计 No. 43427-0001

图 3-8　被诉侵权产品

涉及局部外观设计时，申请人可以只提交显示所要求保护的外观设计的图片或者照片。当外观设计的图片或者照片包含了产品不要求保护的部分时，申请人可以使用放弃声明。放弃声明必须清晰和明确，对要求保护的特征和放弃保护的特征做出明确区分。当外观设计由一幅以上的视图表示时，放弃声明必须在其出现的所有视图中一致地显示出来。申请人可以使用虚线、模糊或者半透明色（如图 3-9 所示）等方式表示外观设计不要求保护的部分。同时，可以使用边界线来划定要求保护的外观设计特征。

---

[1] Magmatic Ltd v PMS International Group Plc (28 February 2014), [2014] EWCA Civ 181, [2014] ECDR 20, [2014] RPC 24 and PMS International Group Plc v Magmatic Ltd, UKSC 12 [2016].

[2] 英国在 2014 年属于欧盟成员国。

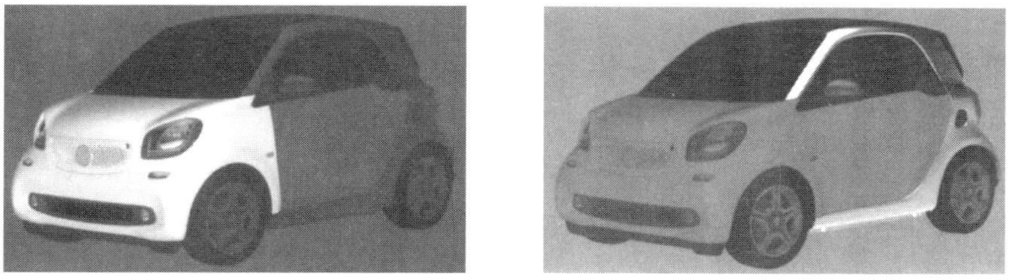

图 3-9 国际注册 DM/081639 的部分视图

（2）英国

在英国，国际注册中视图的问题可能会导致其存在实质性缺陷。例如，如果一幅（或者一些）视图的绘制形式不同，或者只有一幅（或者一些）视图是彩色的，则所有视图中所显示的要求保护的外观设计的内容（色彩、图案等），将被认为是相互不一致的，可能导致该国际注册被认为存在实质性缺陷（如图 3-10 所示）。在这种情况下，英国知识产权局将会发出驳回通知，要求申请人将申请的视图限制到一种绘制形式。值得注意的是，如果国际注册的视图之间存在绘制形式不一致的情况，申请人不能为其提交分案申请。[1]

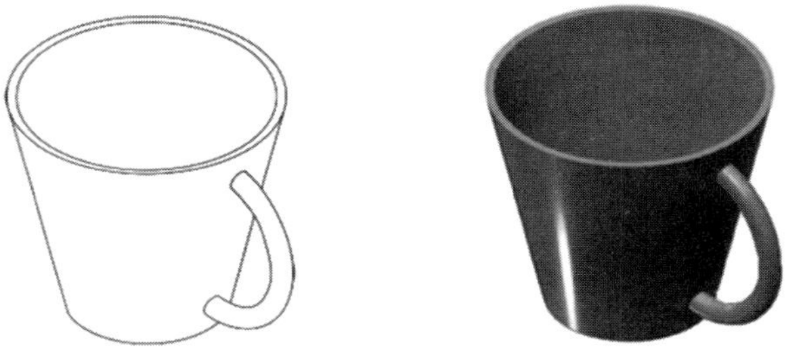

图 3-10 不同绘制形式的图例[2]

对于局部外观设计，申请人一般应当以实线表示要求保护的产品部分，而对于不要求保护的部分，应当以虚线等方式表示出来。

[1] 英国《注册外观设计法》第 3B 条关于“注册申请的修改”不适用于根据海牙体系提交的国际申请。

[2] Registered Designs Examination Practice guide, Part E: Hague Agreement for the International Registration of Industrial Designs, Sec 14. 03.

(3) 俄罗斯

向俄罗斯联邦知识产权局提交外观设计专利申请的视图可以是照片，也可以是带有表面阴影的线条图。一般来说，申请人应提交产品的六面视图以及正面的立体图，以完整地呈现要求保护的外观设计的实质特征。对于平面产品的外观设计，申请人可以仅提交一个面的视图。

此外，俄罗斯联邦知识产权局允许申请人提交放大的局部视图。对于能够关闭、折叠、变化的产品，如果申请人对产品的上述变形状态均主张权利保护，可以根据申请人的选择提交产品的闭合和打开状态视图。总体来说，申请人提交的一套视图应当提供了对该外观设计基本特征的完整表达。

外观设计专利的保护对象可以是整体产品的一部分。申请人可用虚线来表示产品整体外观设计中不要求保护的部分。俄罗斯联邦知识产权局对如何描绘虚线没有特殊要求。同时，产品整体外观设计中要求保护的部分必须用实线表示。如果国际注册为局部外观设计，视图可以包含从正面透视 3/4 范围内的产品全貌图以及其他面的视图。

成套产品的每一件产品应当分别提交正面透视 3/4 范围内的全貌图和申请人选择的其他视图。如果成套产品的全貌不能在一幅视图中完整呈现，申请人可以提交单独的局部视图。

2. 简要说明书

在欧盟，简要说明书不是必须提交的文件，但申请人可以通过简要说明书澄清外观设计某些特征的性质或者目的，以避免理解产品时可能存在的疑义。欧盟规定了简要说明书“不应影响外观设计的保护范围”。因此，简要说明书不能代替放弃声明，将设计特征排除在保护范围之外。

指定英国的国际注册中可以包含书面放弃声明。例如，如果在视图中可以看到色彩或者材料，但申请人不打算使其构成国际注册的任何部分，则可以提交书面放弃声明来指明不要求保护的产品部分。

对于国际注册来说，俄罗斯没有提交简要说明书的要求。实践中，俄罗斯国内外观设计申请的简要说明书也不会限定该外观设计专利的保护范围。

(四) 合案申请

在欧盟，同一件申请中可以注册一项以上的外观设计。欧盟知识产权局会对合案申请中的每一项外观设计分别进行审查。每项外观设计都是独立的，可以分别实施、许可、放弃、续展或者转让，可以分别被宣告无效、进行抵押、作为强制执行和清产的对象。合案申请的外观设计不必相互关联，也不必在外观、性质或者目的方面相似。但是，同一件申请中的外观设计必须属于洛迦诺国际分类中的同一大类。

英国并未对合案申请作出声明，指定英国的国际注册可参照《海牙协定》及有关文件的规定处理。

在俄罗斯，可以合案的国际注册包括成套产品的外观设计与相似外观设计。属于同一套产品的一组外观设计，以及属于同一套产品中单独产品的一项或者多项外观设计可以合案申请。如果一项外观设计与其他外观设计形成单一的创意，且仅具有视觉上不显著的特征差异和/或者颜色组合差异，也可以合案申请。合案申请的外观设计应当属于洛迦诺分类中的同一大类。

五、墨西哥和加拿大

（一）法律规定

1. 墨西哥

根据《墨西哥联邦保护工业产权法》的规定，新的、能在工业上应用的可注册外观设计包括：①工业图片，指为装饰目的而纳入工业或者手工产品并使其具有独特外观的任何数字、线条或者颜色的组合；②由任何三维形状构成的工业模型，所述三维形状是具有特殊的外观、用作制造工业或者手工产品的形式或者样式（不涉及技术效果）。[1]

墨西哥工业产权局基于外观设计的定义、新颖性、工业实用性、公序良俗或者国家标志等实质性理由对国际注册进行审查，包括审查外观设计的单一性。根据墨西哥的法律规定，国际注册只能包含一项外观设计或者一组单一概念的外观设计。就工业实用性而言，外观设计必须应用于具体的产品，例如“用于钱包的图案”。如果外观设计的所有特征仅由技术考虑或者技术功

[1] Mexico Federal Law for the Protection of Industrial Property (Official Gazette of the Federation on July 1, 2020), Articles 65, 66.

能确定，则该外观设计不能成为注册外观设计权的保护对象。在墨西哥，洛迦诺分类第 32 大类中包含的元素不被视为工业产品，墨西哥工业产权局认为这些元素不足以具体说明工业设计适用的产品。

2. 加拿大

根据加拿大《工业品外观设计法》的规定，“外观设计”是指一件产品中具有视觉效果并且仅凭视觉进行判断的形状特征、结构特征、图案特征或者装饰特征以及这些特征的任意组合。[1] 加拿大知识产权局对外观设计的新颖性、功能性、公序良俗等进行实质性审查。如果外观设计仅是由产品的实用功能确定的特征所构成，则该外观设计属于功能性外观设计，不能获得保护。此外，加拿大对洛迦诺国际分类中第 32 大类产品的外观设计不予保护。

（二）申请及审查流程

1. 墨西哥

指定墨西哥的国际注册不接受申请人提出的延迟公布请求。申请人必须提供其在墨西哥境内的、用于接收通知的地址。但是，居住在墨西哥境外的国际注册的代理人可以直接向墨西哥工业产权局提交文件或者办理相关事务。

墨西哥的法律规定，外观设计的申请必须以设计人的名义提交。因此，指定墨西哥的国际申请必须在 DM/1 表中提供设计人身份的说明，如果设计人不是申请人，需要声明该国际申请已由设计人转让给申请人。

墨西哥工业产权局对外观设计进行实质性审查，所以墨西哥工业产权局在国际注册公布后的十二个月内发出驳回通知。申请人应当在驳回通知发文之日起两个月内答复。如果需要延长答复期限，申请人只需缴纳相应费用就可获得两个月的额外期限。根据审查程序，墨西哥工业产权局可以发出两次实质性审查意见。

向墨西哥工业产权局提交的文件或者通信都必须用西班牙文或者提供西班牙文译文。墨西哥工业产权局的审查意见仅以西班牙文作出。授权的国际注册在墨西哥工业产权局的工业产权公报上以西班牙文再次公布。

---

[1] Industrial Design Act（R. S. C.，1985，c. I-9），Article 2.

对于指定墨西哥的国际注册，申请人必须在国际注册公布之日起三个月内向墨西哥工业产权局提交“优先权证明文件”、相应的西班牙文译文（如果该文件不是西班牙文文件）并缴纳优先权费用。期满未提交的，该国际注册被视为未要求优先权。

根据墨西哥作出的声明，指定墨西哥的国际注册的单独指定费分为两部分。第一部分费用应当在提交国际申请时缴纳，第二部分费用应当在收到墨西哥工业产权局通过 WIPO 国际局向申请人发出的通知（Notice of Allowance）后向 WIPO 国际局（以瑞士法郎为单位）缴纳，或者直接向墨西哥工业产权局（以墨西哥比索为单位）缴纳。如果第二部分单独指定费没有在规定期限内全额缴付，该国际注册对墨西哥的指定将被撤销。

在墨西哥，如果设计人或者其权利继承人通过任何通信手段公开外观设计、将该外观设计付诸实践、在国内或者国际展览会上展出外观设计，则其可以在申请日（或者优先权日）起十二个月内提交外观设计申请不丧失新颖性的请求。

2. 加拿大

加拿大允许国际注册延迟公布的最长期限为三十个月，并且不会再公布国际注册及续展的情况。在加拿大，不要求境外的申请人委托本地代理人向加拿大知识产权局办理相关事务，申请人可以自行就所有事项提交文件或者出面办理相关事务。

因为进行实质性审查，加拿大知识产权局发出驳回通知的期限是国际注册公布日起十二个月。申请人一般应当在驳回通知发文之日起三个月内进行答复，申请人可以请求延期一次，延长期限为六个月。

申请人一般不需要向加拿大知识产权局提交“优先权证明文件”。但是，如果优先权日期与评估新颖性有关，那么加拿大知识产权局可以要求申请人提交相关文件。在此情形下，申请人应当在通知发文之日起三个月内提供加拿大知识产权局所要求的信息。该期限可以应请求延长六个月。如果申请人未能按上述要求提供“优先权证明文件”，该国际注册的优先权要求将被视为撤回。

在加拿大，如果申请人、申请人的原始产权所有人、直接或者间接从申请人或者其原始产权所有人处获得外观设计信息的人，向加拿大或者其他地方的公众作出披露（与要注册的外观设计所属产品相同或者类似的产品上的相同或者无实质性差异的外观设计），只有当该披露在外观设计的优先权日的十二个月之前，才构成对外观设计新颖性的破坏。

（三）申请文件的要求

1. 视图

墨西哥法律没有对申请文件中视图的最少数量进行限定。墨西哥外观设计总体上分为两大类：一类是工业图片，即图案、线条、色彩构成的二维设计；另一类是工业模型，即三维形状的设计。国际申请中的视图既可以是线条图也可以是照片（包括电脑制图）。但是，如果提交的线条图不能显示外观设计的特定特征，申请人应当提交照片。

指定加拿大的国际注册应当至少包含一幅照片或者图片。结合对产品名称以及任何声明的考虑，外观设计的表述（即图片或者照片）必须足以充分披露该外观设计。申请人可以同时使用图片和照片来表示同一项外观设计，但是要确保视图之间的一致性。申请人可以使用阴影来表示产品的形状（用虚线限定的不予保护的部分除外）、用对角阴影线来表示透明部分、用断裂线来表示省略的长度。此外，申请人还可以使用剖视图、局部放大图、使用状态图、分解图、使用状态参考图等。对于局部外观设计，申请人可以使用虚线、颜色等来表示产品不要求保护的部分。

2. 简要说明书

墨西哥和加拿大没有对国际注册的简要说明书作出特别要求。

（四）合案申请

墨西哥就国际申请的单一性向 WIPO 国际局作出了声明。指定墨西哥的国际注册只能包含一项外观设计或者相互紧密关联形成单一设计构思的一组外观设计。形成单一构思的外观设计是指：各实施例在申请中具有相同的名称；各实施例具有共同的特定创新设计特征；各实施例具有相同的总体印象。墨西哥工业产权局不接受成套产品的外观设计。对于不满足单一性要求的国际注册，墨西哥工业产权局将发出驳回通知并指出对相关外观设计提出分案申请的可能性。申请人可以请求限制部分实施例，也可以在墨西哥工业产权局发出“批准和付款通知”或者“驳回决定”之前向其提交分案申请。

指定加拿大的国际注册可以包含洛迦诺同一大类的100项外观设计。但一件国际注册则必须限于应用于一件产品或者一套产品的一项设计，或者应用于一件产品或者一套产品的变型。为适应这一要求，加拿大知识产权局把不符合要求的指定加拿大的国际注册中的每一项外观设计拆分为单独的国内申请。[1] 例如，国际注册DM/216617包含3项外观设计，加拿大知识产权局在审查后直接授予3件注册外观设计——No. 207444、No. 207445和No. 207446。

六、越南和新加坡

（一）法律规定

1. 越南

根据越南《知识产权法》的规定，工业外观设计是指由三维构造、线条、颜色或者这些元素的组合所体现的产品的独特外观。[2] 不应作为工业外观设计加以保护的对象包括：由产品的技术特征所决定的产品的外观、民用或者工业建筑作品的外观、在产品使用过程中看不见的产品的形状。[3] 越南知识产权局的实质性审查理由包括：外观设计的定义、公序良俗或者国家标志的保护，外观设计是否充分公开，是否具有新颖性、创造性、实用性，外观设计是否符合单一性、在先申请原则等。

2. 新加坡

根据新加坡《注册外观设计法》的规定，外观设计是指应用于任何物品或者非实物产品并赋予其外观的形状、构造、颜色、图案或者装饰特征。不属于外观设计保护的客体包括：建造方法或者原则，物品或者非实物产品的形状、构造、颜色的特征，仅由一种或者多种颜色构成的特征。[4]

---

[1] 加拿大称这种分案申请为“海牙申请”，一件国际注册的多件“海牙申请”共用一个国际注册号。

[2] The Law on Intellectual Property（2005），Article 4（13）.

[3] The Law on Intellectual Property（2005），Article 64.

[4] Registered Design Act 2000（Revised Edition 2020，as amended up to the Copyright Act 2021），PART 1，Section 2（1）.

（二）申请及审查流程

1. 越南

对于国际注册，越南不接受延迟公布请求，也不会再公布国际注册及续展的信息。越南组织和个人、长期居住在越南的外国个人以及在越南有生产或者经营机构的外国组织和个人可以直接向越南知识产权局提交文件或者办理事务。其他人则必须通过在越南的合法代理人提交文件或者办理事务。

在越南，自国际注册公布之日起至给予保护声明发送之日前，第三人可以对国际注册提出异议，该异议期不能延长。在收到越南知识产权局发出的驳回通知后，申请人应当在三个月内进行答复，该答复期限可延长三个月。

越南知识产权局通常不要求申请人提交“优先权证明文件”，但在特定情形下，越南知识产权局也可以要求申请人直接向其提交“优先权证明文件”，例如，当外观设计的公开发生于优先权期间且对确定国际注册新颖性有必要时。

指定越南的国际注册有下列情形的披露不视为丧失新颖性，但必须在该国际注册被披露之日起六个月内提出：①未经有权注册的人许可由他人披露；②由有权注册的人以科学报告的形式披露；③由有权注册的人在越南的全国性展览、在官方或者官方认可的国际展览中展出。在国际注册公布后，申请人可以就不丧失新颖性例外作出声明并直接向越南知识产权局提交证明文件（通常是在申请人收到驳回通知后）。

2. 新加坡

指定新加坡的国际注册可以自申请日起延迟十八个月公布。新加坡知识产权局会在外观设计公报上以单独的“国际注册”章再次公布国际注册的信息。申请人可以直接向新加坡知识产权局提交文件或者办理所有事务，但必须提供在当地的文件接收地址。

新加坡知识产权局发出的驳回通知的答复期限是通知发出之日起三个月。该期限通常可延长三个月。

指定新加坡的国际申请，其设计人必须是自然人。根据新加坡《注册外观设计法》的规定，对于由计算机生成的外观设计，组织安排该设计创作的安排者视为该外观设计的设计人。

要求优先权的国际申请，不需要向新加坡知识产权局提供“优先权证明文件”。

指定新加坡的国际注册有下列情形的披露不影响其注册的有效性：①向设计人、设计人的产权继承人之外的人进行的保密条件（明示或者默示）下的披露；②国际注册申请日之前十二个月内由设计人或者其产权继承人进行的披露；③国际注册申请日之前十二个月内由设计人或者其产权继承人之外的人进行的披露，如果该披露来自设计人或者其产权继承人提供的信息或者任何行为；④国际注册申请日之前十二个月内由于滥用与设计人或者其产权继承人的关系进行的披露。

（三）申请文件的要求

1. 视图

指定越南的国际注册，如果是三维产品，申请人必须提交一幅立体图。申请人必须提交足够数量的视图以确保外观设计的充分公开。例如，对于国际注册 DM/207402“饮料瓶”（如图 3-11 所示），越南知识产权局在驳回通知中指出：“根据越南《知识产权法》第 103 条第（4）款，该外观设计没有包括足够的视角，而且外观设计的表述中包含虚线，因此国际注册中的表述不足以充分披露该工业品外观设计。”

图 3-11 国际注册 DM/207402 的部分视图

越南不保护局部外观设计，如果国际注册中包含局部外观设计，申请人需要对视图作相应的修改。例如，对于国际注册 DM/208576，越南知识产权局指出："表述和说明书中包括放弃声明，所要求保护的对象不是整个产品。因此，该国际注册所包含的对象不能单独流通，不是第 01/2007/TT-BKHCN 号公告（Circular No. 01/2007/TT- BKHCN）第 33 条第 2 款（b）项规定的工业品外观设计的保护客体。"

新加坡对国际申请的视图没有特别规定。

2. 简要说明书

指定越南的国际注册必须包含对外观设计特征的简要说明书，对具有区别性的设计特征进行描述。如果简要说明书没有按照要求充分披露外观设计的特征，可能会导致该国际注册被驳回，申请人可以提交更正的替换文件。同时，国际注册中还应当包含要求保护外观设计的权利要求书，例如"申请对如图所示及所描述的工业品外观设计的整体进行保护"。

新加坡对国际注册的简要说明书没有特别规定。

(四) 合案申请

在越南，一件国际注册原则上只能要求保护一项独立、独特的外观设计，除非：①同一国际注册中的外观设计属于同一套或者同一组物品，并符合设计的单一性、用途的单一性或者同时使用的要求；②一项外观设计可以附带单项或者多项变形设计，这些变形设计必须符合外观设计的单一性要求，且与所述的一项外观设计无显著区别。例如，国际注册 DM/208576 包括两项外观设计，越南知识产权局指出："该国际注册不符合越南《知识产权法》第 101 条规定的工业产权注册申请的单一性要求。注册中的两项外观设计没有明显的区别，因此，简要说明书中应指出一项外观设计为主外观设计，另一项外观设计为其变形设计。"

新加坡对合案申请没有特别规定。对于包含多项设计的国际注册，申请人可以对其中的部分外观设计提出分案申请。

七、非洲知识产权组织和埃及

(一) 法律规定

1. 非洲知识产权组织 (OAPI)

根据《班吉协定》,任何线条或者颜色的排列都应被视为一种外观设计,任何三维形状,无论是否与线条或者颜色有关,均应被视为模型,条件是上述排列或者形状赋予工业或者手工产品特殊的外观,并可用作工业或者手工产品的样式。如果对象可以同时被视为新的外观设计和可获得专利的发明,并且如果构成外观设计的新颖性的元素与构成发明新颖性的元素不可分割,则该对象只能通过专利或者实用新型进行保护。[1] 非洲知识产权组织不会对指定该组织的国际注册进行实质性审查。指定非洲知识产权组织的国际注册可以同时在以下 17 个成员国生效:贝宁、布基纳法索、喀麦隆、中非共和国、乍得、刚果、科摩罗群岛、科特迪瓦、赤道几内亚、加蓬、几内亚、几内亚比绍、马里、毛里塔尼亚、尼日尔、塞内加尔和多哥。

2. 埃及

埃及《知识产权保护法》关于外观设计的定义与非洲知识产权组织相似,工业外观设计或者模型是任何线条的排列或者任何三维形式(无论是否带有颜色),只要该排列或者形式具有新颖性,并可在工业上应用。[2]

埃及商标和工业品外观设计局就国际注册的以下事项进行审查:是否包含埃及或者其他国家的徽章、宗教符号、印记或者旗帜;其使用是否可能破坏公共秩序或者冒犯公共道德;外观设计的形状是否基本上是由于产品的技术或者功能要求而产生的;外观设计是否与注册商标或者知名商标相同、相似或者近似。埃及商标和工业品外观设计局不会审查外观设计的新颖性。

---

[1] Bangui Agreement Instituting an African Intellectual Property Organization Act of December 14, 2015, Annex IV, Part I, Article 1 (1), (2).

[2] Law on the Protection of Intellectual Property (Law No. 82, 2002), Book Two, Part II, Article 119.

（二）申请及审查流程

1. 非洲知识产权组织

指定非洲知识产权组织的国际注册最长可以延迟十二个月公布。国际注册的申请人不得直接向非洲知识产权组织提交文件或者办理相关事务，需要委托当地代理人办理相关事务。

非洲知识产权组织不会再公布国际注册的相关信息。如果在申请日（有优先权的为优先权日）之前的十二个月内，外观设计因以下原因被披露也不影响该外观设计的新颖性：①对申请人或者其原始产权所有人明显的侵犯；②申请人或者其原始产权所有人在官方或者官方认可的国际展览会上展示过该外观设计。

2. 埃及

指定埃及的国际注册最长可以延迟三十个月公布。埃及商标和工业品外观设计局不会再公布国际注册及续展的信息。在埃及境内有地址的国际注册的申请人可直接向该局提交文件或者办理相关事务。

如果埃及商标和工业品外观设计局发出了驳回通知，那么申请人必须在驳回通知发文之日起三十天内进行答复，该期限不可延长。在国际注册公布之日起六十天内（不可延期），第三人可以对该国际注册提出异议，申请人应当在收到异议通知书之日起三十天内进行答复。

如果对外观设计的披露或者描述是在世界贸易组织（WTO）成员方或者对埃及适用互惠原则的国家申请注册后进行的，或者如果披露是在国内或者国际展览中进行的，或者在会议或者科学期刊上发表的，且若所有这些都是在埃及提出国际注册申请之日前六个月内发生的，则不影响外观设计在埃及的新颖性。

（三）申请文件的要求

1. 视图

非洲知识产权组织对国际注册的视图没有特别规定。

埃及对国际注册的视图没有特别规定，原则上要求采用单一背景从各个可能的方向显示要求保护的外观设计，且不包含技术信息。

2. 简要说明书

非洲知识产权组织对国际注册的简要说明书没有提出特别要求。

指定埃及的国际注册没有强制要求提交简要说明书，但申请人可以提交一份简短的说明。例如，说明外观设计的某些设计特征不能显示在视图中。

（四）合案申请

非洲知识产权组织关于合案申请的规定与《海牙协定》的相关规定基本一致，一件国际注册最多可以包含100项外观设计，只要这些外观设计属于相同的洛迦诺大类。

埃及对于合案申请没有特殊规定。

第四章 国际注册典型案例

案例一 Sheet of artificial or natural material

【主要信息】

国际注册号：DM/220741

产品名称：1-14 Sheet of artificial or natural material

指定缔约方：瑞士、中国、欧盟、韩国、新加坡、土耳其、乌克兰

【案例分析】

国际注册的产品中文名称为“人造或天然材料片材”，包含14项外观设计（如图4-1所示），每项设计仅包含一幅视图。

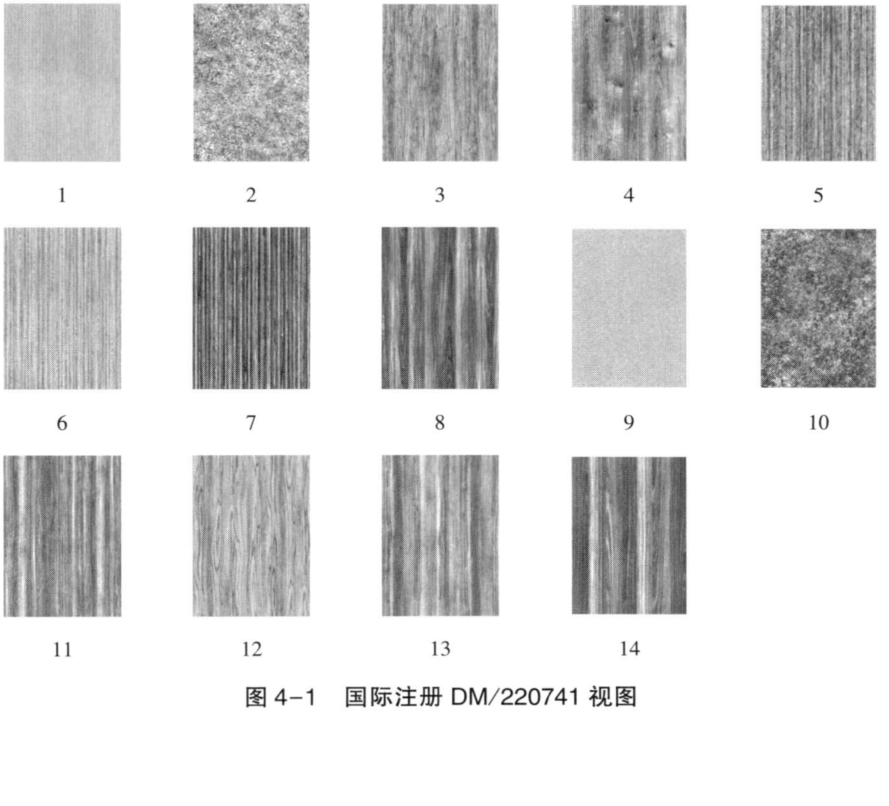

图4-1 国际注册DM/220741视图

各指定缔约方主管局在首次审查后，瑞士、新加坡、土耳其和乌克兰自动给予保护（未发出通知书），中国发出了驳回通知，欧盟发出了给予保护声明，韩国针对设计 1 发出了驳回通知，针对设计 2 至设计 14 发出了给予保护声明。

国家知识产权局在驳回通知中主要指出：该国际注册中要求保护的设计 1 为仅以在其产品所属领域内司空见惯的几何形状和图案构成的外观设计，不是新设计，不满足《专利法》第 2 条第 4 款的规定，属于不能授予专利权的情形；设计 2、设计 3、设计 4、设计 8、设计 10、设计 11、设计 12、设计 13 和设计 14 均为以自然物的原有图案作为主体的外观设计，同样不满足《专利法》第 2 条第 4 款的规定，属于不能授予专利权的情形。除此之外，该国际注册所包含的 14 项设计作为相似设计提交，不满足《专利法》第 31 条第 2 款关于设计项数量的要求。

韩国特许厅针对设计 1 发出的驳回通知相关内容如下："The protection of the claimed design is refused as failing to comply with 33（2）of the Design Protection Act, for the reason listed below;

The claimed design is almost a mere simulation of the well-known pattern of vertical stripes, and does not significantly deviate from the well-known pattern even if the well-known pattern is adapted for a new purpose."

韩国特许厅的审查员认为，该国际注册中要求保护的设计 1，仅仅是对众所周知的垂直条纹图案的仿照，不符合韩国《外观设计保护法》第 33 条第 2 款的规定，即使设计 1 是出于新目的而设计的，其依然没有明显不同于当前众所周知的图案（well-known pattern）。审查员在通知书中还列举了相关示例，用以说明何为众所周知的图案（如图 4-2 所示）。

< Table 1. Examples of well-known patterns (Guidelines for Design Examination, p.110 >

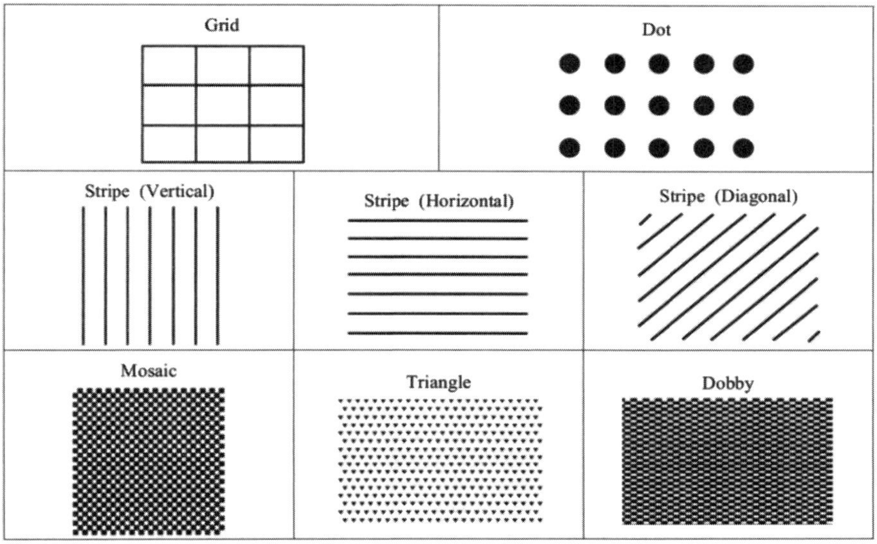

图 4-2 韩国特许厅在驳回通知中的附图

与国家知识产权局的结论不同，韩国特许厅对请求保护的设计 2 至设计 14 给予了授权，说明在韩国以自然物的原有图案作为主体的外观设计是可以获得保护的。

对比中国、韩国、欧盟、瑞士、新加坡、土耳其和乌克兰各缔约方主管局的审查结论，可以看出不同缔约方主管局对于可以获得外观设计保护的客体的认定标准存在差异。对于由众所周知的形状、图案构成的外观设计，中国和韩国均不予以外观设计保护，但可以在欧盟、瑞士、新加坡、土耳其和乌克兰获得外观设计保护。对于利用自然物的原有图案作为主体的外观设计，其不满足中国的相关法律要求，但其可以在韩国、欧盟、瑞士、新加坡、土耳其和乌克兰获得外观设计保护。申请人在提交国际注册时应注意上述缔约方在保护客体方面的标准差异。

案例二　Logo

【主要信息】

国际注册号：DM/221775
产品名称：Logo
指定缔约方：中国、欧盟

【案例分析】

国际注册的产品中文名称为“标识”，包含一项外观设计（如图 4-3 所示）。

图 4-3　国际注册 DM/221775 视图

该国际注册仅指定了中国和欧盟。在首次审查后，欧盟发出了给予保护声明，中国发出了驳回通知。

国家知识产权局在驳回通知中指出，该国际注册请求保护的外观设计仅为无产品载体的图案，不符合《专利法》第 2 条第 4 款的规定，属于不授予专利权的情形。

本案例旨在说明海牙体系不同缔约方主管局对于请求保护的外观设计是否符合法律规定的客体从而获得保护的标准是不同的。例如，单纯的图案设计在欧盟能够获得外观设计保护，但在中国却属于不能获得保护的客体。此外，在韩国、加拿大、墨西哥等国家，单纯的图案设计也不能获得外观设计保护。申请人在指定不同缔约方时，应提前了解其对于外观设计保护客体的相关法律规定。

案例三 Shoe

【主要信息】

国际注册号：DM/221896

产品名称：1. Shoe；2. Shoe upper

指定缔约方：中国、欧盟、英国、日本、韩国、美国

【案例分析】

国际注册包含 2 项外观设计（如图 4-4 所示，选取了该申请的部分代表性视图），设计 1 的产品中文名称为“鞋”，设计 2 的产品中文名称为“鞋面”。

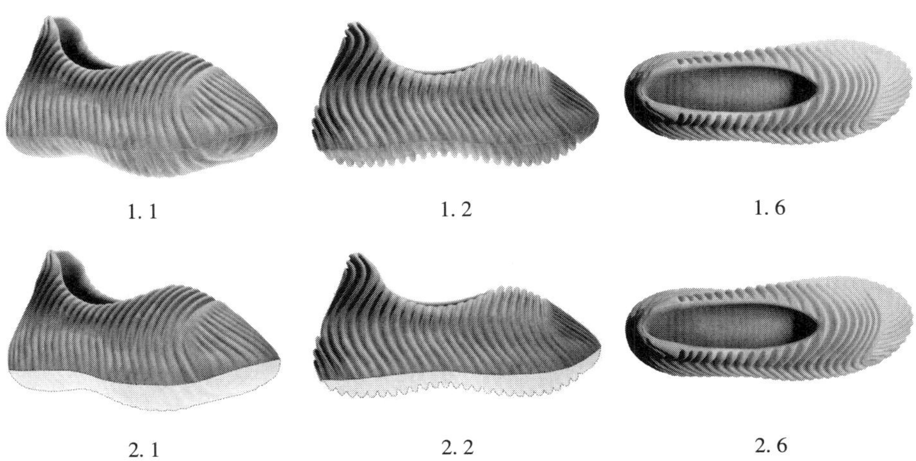

1.1 1.2 1.6

2.1 2.2 2.6

图 4-4 国际注册 DM/221896 的部分视图

各指定缔约方主管局进行审查后陆续发出了通知书。欧盟发出了给予保护声明，英国自动给予保护（未发出通知书）。韩国和日本先后发出通知书，均针对设计 1 发出了给予保护声明，针对设计 2 发出了驳回通知。在驳回通知中的缺陷得以克服后，两局均针对设计 2 发出了给予保护声明。最后，中国和美国先后以不同的理由对该国际注册发出了驳回通知。

韩国特许厅仅就该国际注册中设计 2 发出了驳回通知。韩国特许厅的审查员认为，寻求保护的外观设计是整鞋的一部分，产品名称“鞋面”不准确，建议以整体产品“鞋”作为产品名称。

日本特许厅的审查员认为，该国际注册中设计 2 不属于日本《外观设计法》第 3 条第 1 款所规定的适于工业应用的外观设计。具体而言，设计 2 所使用的产品名称为“鞋面”，而视图所示为“低帮鞋”，二者表达的内容不一致，设计 2 不是一项具体的外观设计。

虽然韩国和日本也对外观设计进行新颖性审查，但在该国际注册的审查过程中，韩国和日本的主管局并未就新颖性提出问题。申请人通过修改国际注册中设计 2 的产品名称，克服了韩国和日本主管局指出的相关缺陷，并获得了保护。

国家知识产权局在发出的驳回通知中指出了该国际注册存在新颖性问题。审查员认为，与现有设计（如图 4-5 所示）相比，该国际注册中设计 1 和设计 2 的形状与现有设计实质相同。因此，请求保护的外观设计不符合《专利法》第 23 条第 1 款的规定，不能被授予专利权。

图 4-5　在先公开的现有设计

美国专利商标局则在发出的驳回通知中指出，该国际注册存在单一性问题，根据《美国法典》第35编第121条的规定，申请人应当对该国际注册中的设计1或者设计2进行限制或选择。

在收到国家知识产权局和美国专利商标局的驳回通知后，申请人先后声明放弃了对中国和美国的指定。

案例四　Lamp

【主要信息】

国际注册号：DM/210505

产品名称：Lamp

指定缔约方：美国、日本、韩国、欧盟、挪威、瑞士

【案例分析】

国际注册的产品中文名称为“吊灯”，包含2项外观设计（如图4-6所示，图4-6仅选取了该申请的部分代表性视图）。

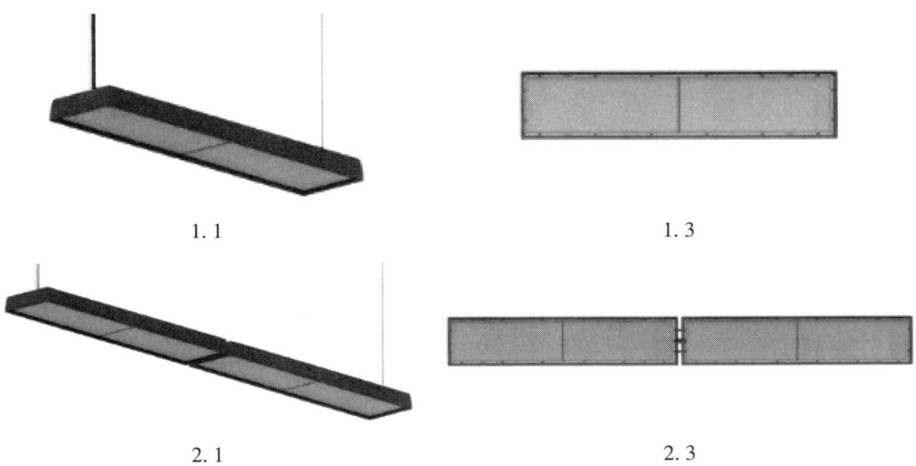

图4-6　国际注册DM/210505的部分视图

各指定缔约方主管局在首次审查后，瑞士自动给予保护（未发出通知书），欧盟和挪威分别发出了给予保护声明，美国、日本和韩国发出了驳回通知。

美国专利商标局发出的驳回通知中相关内容如下：“The addition of a second pendant lamp in embodiments 2, creates a change in the overall appearance of the design compared to the appearance of the single pedant lamp seen in embodiment 1.

Because of the differences identified, the embodiments are considered to either have overall appearances that are not basically the same, or if they are basically the same, the differences are not minor and patentably indistinct or are not shown to be obvious in view of analogous prior art.

…

Restriction is required under 35 U. S. C 121 to one of the patentably distinct groups of designs.”

美国专利商标局的审查员在驳回通知中指出，基于上述两个实施例被认定的区别点，二者从总体上看其整体外观是不相同的；如果二者在总体上是相同的，其区别点也并非微小的和可专利性的无显著差异，或者在相似的现有设计中并非显而易见的。审查员要求申请人根据《美国法典》第35编第121条的规定对原申请中的外观设计进行限制。申请人可以从中选择一组具有可专利性差异的外观设计，并要求美国专利商标局继续进行审查。

日本特许厅针对每一项外观设计分别作出审查结论。针对设计1的驳回通知中相关表述如下：“The design in the application for design registration is found to be identical with or similar to design (s) in the application (s), as noted below, which was (/were) filed by the same applicant on the same day and then it falls under the provision of the first sentence of Article 9 (2) of the Japan's Design Act.”针对设计2的驳回通知中的相关表述与针对设计1的驳回通知中的内容相近。

日本特许厅的审查员认为：本申请中的设计1与设计2是相同或者相似的，二者属于在同日的同一文件中申请的外观设计，不符合日本《外观设计法》第9条第2款的规定。

韩国特许厅在驳回通知中指出：“The protection of the claimed design is refused under Article 46 (2) of the Design Protection Act. The claimed design (design No. 1) is similar to the No. 2 of the same international registration DM/210505 filed by the same applicant on the same day. For this reason, the applicant should select a single design between them and report the selection within the designated time limit in accordance with Article 46 (5) of the Design Protection Act. Where there will be no report within the designated time limit, neither design may obtain a design registration under Article 46 (2) of the same Act, since it will be deemed that no selection is made by the applicant.

The both designs may obtain design registrations under Article 35 (1) of the Design Protection Act where the applicant selects one of the above designs as a Principal Design and amends the other design to a Related Design indicating the selected design as the Principal Design."

韩国特许厅的审查员认为：该国际注册中要求保护的设计 1 和设计 2 是相似的，二者在同日的同一文件中被申请，不符合韩国《外观设计保护法》第 46 条第 2 款的规定。申请人应当在两项外观设计中选择一项予以保留，并告知韩国特许厅其选择保留的外观设计。

在后续的审查过程中，申请人分别针对三个指定缔约方主管局的驳回通知进行了答复。针对美国专利商标局的驳回通知，申请人选择了保留设计 1 并获得了保护。针对日本特许厅的驳回通知，申请人将设计 2 修改为设计 1 的关联设计，克服了上述缺陷并获得了保护。针对韩国特许厅的驳回通知，申请人将设计 1 和设计 2 分别修改为主要设计与关联设计，从而在韩国获得了保护。

对比美国专利商标局、日本特许厅和韩国特许厅的审查过程，可以看出三个缔约方主管局对于国际注册中的多项外观设计如何审查存在不同的标准。美国专利商标局不仅要求多项外观设计应当在整体外观上基本相同，而且要求各项外观设计之间的区别点应当属于微小的和可专利性的无显著差异，或者在相似的现有设计中是显而易见的。如果申请文件不能满足上述条件，审查员会要求申请人对原申请中的外观设计进行限制。日本特许厅和韩国特许厅不审查国际注册中的多项外观设计是否符合单一性要求，但如果国际注册中的多项外观设计相似，则其不能同时获得保护。申请人需要在多项外观设计中选择一项作为主要设计，其余的多项外观设计可以作为主要设计的关联设计获得保护。

案例五　Handbag

【主要信息】

国际注册号：DM/212342
产品名称：Handbag
指定缔约方：美国、日本、韩国、欧盟、英国

【案例分析】

国际注册的产品中文名称为“手提包”，包含1项外观设计（如图4-7所示）。

1.1　　1.2　　1.3

图4-7　国际注册DM/212342视图

各指定缔约方主管局在首次审查后，英国自动给予保护（未发出通知书），欧盟和日本分别发出了给予保护声明，美国和韩国则发出了驳回通知。

美国专利商标局发出的驳回通知中相关内容如下：“The claim is rejected under 35 U. S. C. 112（a）and（b）or pre-AIA 35 U. S. C. 112，first and second paragraphs, as the claimed invention is not described in such full, clear, concise and exact terms as to enable any person skilled in the art to make and use the same, and fails to particularly point out and distinctly claim the subject matter which the inventor or a joint inventor (or, for applications subject to pre-AIA 35 U. S. C. 112, the applicant) regards as the invention.

The claim is indefinite and nonenabling. The drawing disclosure appears to claim a trademark. Below are annotated drawings which show the trademark:

…

A design patent and a trademark may be obtained on the same subject matter. The Court of Customs and Patent Appeals, in *In re Mogen David Wine Corp.*, 328 F. 2d 925, 140 USPQ 575 (CCPA 1964), later reaffirmed by the same court at 372 F. 2d 539, 152 USPQ 593 (CCPA 1967), has held that the underlying purpose and essence of patent rights are separate and distinct from those pertaining to trademarks, and that no right accruing from the one is dependent upon or conditioned by any right concomitant to the other."

美国专利商标局的审查员在驳回通知中指出，该国际注册所要求保护的发明创造没有以充分、清晰、简明和准确的方式进行描述，以使本领域技术人员能够制造和使用该发明创造，并且没有特别指出和明确声明关于发明人或共同发明人视为发明的对象。上述情形不满足《美国法典》第 35 编第 112 条（a）款和（b）款或者《美国发明法案》出台之前的《美国法典》第 35 编第 112 条的规定。审查员标注并指出上述不明确和不可授权的具体原因为视图中包含了商标（如图 4-8 所示）。同一客体可能被授予外观设计专利和商标，但关税和专利上诉法院（CCPA）在相关判例中指出，专利权与商标权的根本目的和本质是不同的，一方权利的产生不依赖或受制于另一方的任何其他权利。因此，在国际注册视图中展示的商标导致其所要求保护的范围不明确。

图 4-8　美国专利商标局在驳回通知中指出国际注册中包含商标

韩国特许厅发出的驳回通知针对视图问题主要指出："The protection of the claimed design is refused as failing to comply with Article 33 (1) of the Design Protection Act, for the reason listed below.

The right, top, bottom feature of the claimed design is not clear.

…

Applicant may overcome this rejection by amending the representations to show the claimed design consistently and accurately in all figures. When preparing added or amended drawings, be careful to avoid introducing new matter. New matter is prohibited by the Article 48 (1) of the Design Protection Act."

韩国特许厅的审查员认为：该国际注册所要求保护的外观设计的右面、顶面和底面的特征不清楚（如图 4-9 所示），不符合韩国《外观设计保护法》第 33 条第 1 款的规定。申请人可以通过修改视图从而使要求保护的外观设计的所有部位一致且准确。但增加或修改视图时应注意避免引入导致不符合《外观设计保护法》第 48 条第 1 款的新内容。

图 4-9　韩国特许厅在驳回通知中标明的视图不明确部位

在后续的审查过程中，申请人分别针对美国和韩国主管局的驳回通知进行了答复。针对美国专利商标局的驳回通知，申请人在简要说明书中补充说明了构成设计一部分的文字“A. P. C.” 是 Atelier de Production et de Creation (同一申请人) 的注册商标 (The text “A. P. C.” forming part of the claimed design is a registered trademark of Atelier de Production et de Creation.)，克服了此前驳回通知中指出的缺陷并获得了保护。针对韩国特许厅的驳回通知，申请人补充了右视图、俯视图和仰视图（如图 4-10 所示），从而满足了韩国法律对外观设计视图的要求。

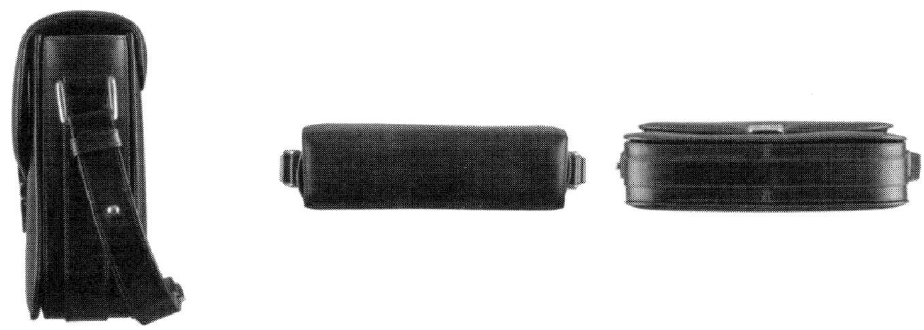

1.4　　1.5　　1.6

图 4-10　申请人为克服韩国特许厅驳回通知而补充的视图

对比美国专利商标局、韩国特许厅以及日本、欧盟等不同缔约方主管局的审查过程，可以看出不同缔约方主管局对于判断国际注册中的外观设计是否满足清楚表达的要求存在一定差异。美国专利商标局对于外观设计视图数量无强制性规定，但对于视图中包含的商标或者其他可能引起权利要求不明确的内容审查较严格。如果视图中包含引起权利要求不明确的内容，申请人应当通过简要说明书进一步补充说明。韩国特许厅要求申请人提交的视图能够清楚、完整地展示外观设计各个部位的设计特征，如果视图数量不足导致部分设计特征不明确，审查员会要求申请人在不引入新内容的基础上进行补充修改。鉴于上述情况，申请人在提交国际注册时，应当关注到不同的指定缔约方主管局对于外观设计清楚表达的要求，并有针对性地准备外观设计视图等申请文件。

案例六 Portion of a pressure cooker

【主要信息】

国际注册号：DM/211520
产品名称：Portion of a pressure cooker
指定缔约方：美国、日本、韩国、欧盟、英国、加拿大

【案例分析】

国际注册的产品中文名称为“压力锅的局部”，包含1项外观设计（如图4-11所示，图4-11仅选取了该申请的部分代表性视图）。

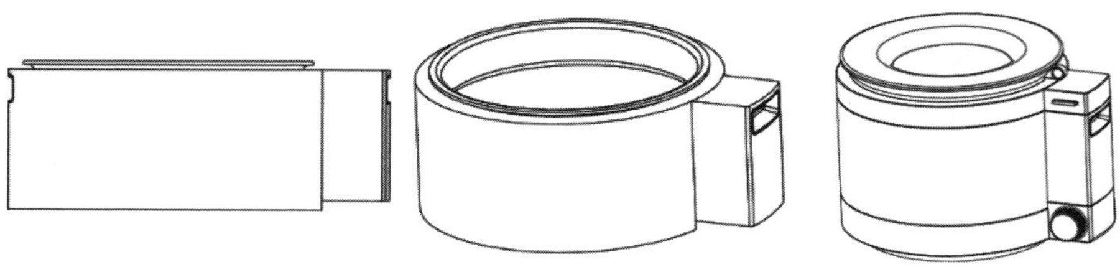

1.1　　1.6　　1.8

图4-11　国际注册DM/211520的部分视图

各指定缔约方主管局在首次审查后，英国自动给予保护（未发出通知书），日本、韩国、欧盟和加拿大分别发出了给予保护声明，美国发出了驳回通知。

美国专利商标局发出的驳回通知中相关内容如下：“The claim is rejected under 35 U. S. C. 112（a）and（b）or pre-AIA 35 U. S. C. 112, first and second paragraphs, as the claimed invention is not described in such full, clear, concise and exact terms as to enable any person skilled in the art to make and use the same, and fails to particularly point out and distinctly claim the subject matter which the inventor or a joint inventor (or, for applications subject to pre-AIA 35 U. S. C. 112, the applicant) regards as the invention.

The claim is indefinite andnonenabling. In the drawing disclosure, applicant states, 'Reproduction 1. 8 is a reference view showing the state in use of the claimed design and forms no part thereof.' This is confusing since Figure 1. 8 shows clearly the claim design. Applicants are cautioned against using 'reference view' as a figure description in international design applications designating the United States. While 'reference view' is commonly used in some foreign countries as a figure description, this term does not have any special meaning in U. S practice. Accordingly, the reference view will be treated as another view of the design, and any inconsistencies between the reference view and the other figures of the claimed design may cause uncertainty as to the scope of the claim, resulting in a rejection under 35 U. S. C. 112 (a) and (b), as nonenabling and indefinite. A reference view described in the description as not included in the claimed design may result in uncertainty as the scope of the design claimed where the reference view includes features of the claimed design shown in the other views."

美国专利商标局的审查员在驳回通知中指出，该国际注册所要求保护的发明创造没有以充分、清晰、简明和准确的方式进行描述，以使本领域技术人员能够制造和使用该发明创造，并且没有特别指出和明确声明关于发明人或共同发明人视为发明的对象。上述情形不满足《美国法典》第 35 编第 112 条（a）款和（b）款或者《美国发明法案》出台之前的《美国法典》第 35 编第 112 条的规定。审查员同时指出，上述不明确和不可授权的具体原因为申请人提交了参考图，即视图 1. 8。视图 1. 8 在权利要求书中被明确表达且出现在要求保护的外观设计中，但其不构成要求保护的外观设计的任何部分，这导致了该国际注册难以理解。审查员进一步说明，虽然“参考图”经常在美国以外被用来说明设计特征，但在美国的审查实践中该术语没有任何特殊含义。因此，参考图将被视为外观设计的另一个视图，并且参考图与所要求保护的外观设计其他视图之间的任何不一致都可能导致权利要求范围的不确定性，从而导致国际注册因不明确和不可授权被驳回。简要说明书中陈述要求保护的外观设计不包含参考图，则可能导致要求保护的外观设计的范围不明确。

在后续的审查过程中，申请人将视图 1.8 的名称修改为“使用状态参考图（Reference view of state of use）”并将视图中的部分实线修改为虚线（如图 4-12 所示）。同时，申请人在简要说明书中陈述，视图 1.8 展示了压力锅在使用时的局部。视图 1.8 中用虚线表示的压力锅底部和顶部不属于要求保护的外观设计的一部分，仅用于展示产品的主题环境，与要求保护的外观设计无关（Reproduction 1.8 illustrates the portion of the pressure cooker during use. The broken lines illustrating the unclaimed base and top portion of the pressure cooker in Reproduction 1.8 depict environmental subject matter that forms no part of the claimed design）。

1.8

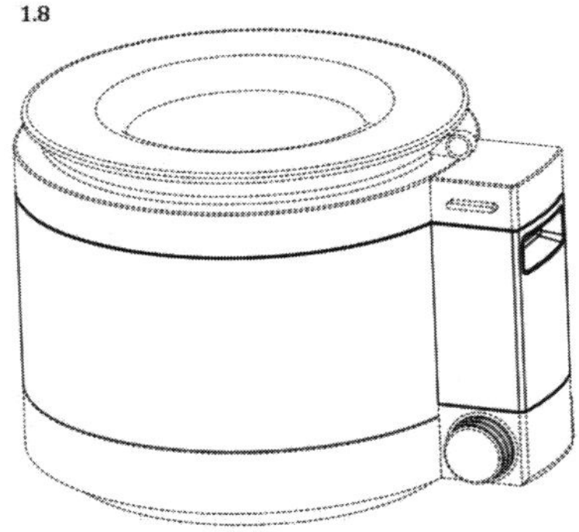

图 4-12　美国专利商标局授权公告中的视图 1.8

通过分析该国际注册可知，参考图在美国专利商标局的审查实践中通常是无意义且容易导致外观设计保护范围不明确的，对于仅存在于参考图而在其他视图中未表达的内容，应当采用合适的方式明确声明将其排除在保护范围之外。鉴于上述情况，申请人在提交指定美国的国际申请时，应当慎用参考图。

附　录

附录一　海牙体系术语表

巴黎公约：于1883年3月20日签署的《保护工业产权巴黎公约》是最重要的知识产权条约之一，它确立了适用于所有知识产权的通则。它确立了“优先权”原则，这使知识产权的申请人在首次申请以外的其他国家提交一件申请时，可以要求给予其发明专利和实用新型在先申请日起十二个月的优先权，以及给予其商标和工业设计六个月的优先权。

巴黎公约途径：使单个的知识产权申请可以直接向巴黎公约成员国的知识产权主管局提出。

工业品外观设计（简称外观设计）：工业品外观设计广泛应用于工业产品和手工艺品。它指的是具有实用性的产品的装饰性或者美学特性，包括线条，或者颜色，或者任何能对产品或者手工艺品产生特殊视觉效果的三维形状的组合。工业品外观设计注册的权利人享有专有权，可禁止第三方未经授权复制和仿造外观设计。工业品外观设计注册在有限的时间内有效，大多数管辖区的保护期限一般是十五年。

公布日：一般来说，除申请人请求立即公布或者选定公布（即延迟公布）外，国际注册将于注册之日后六个月在《国际外观设计公报》上公布。国际注册的公布可以根据海牙文本延迟至最长十二个月或者根据日内瓦文本延迟至最长三十个月。

给予保护声明：由知识产权主管局自愿向WIPO国际局发出的通知，告知工业品外观设计在其司法管辖区内可获得保护。

《国际外观设计公报》(IDB)：海牙体系的官方出版物，包含新的国际注册、续展和现有国际注册的变更信息，发布在www.wipo.int/hague/en/bulletin。

国际注册簿：由WIPO国际局维护的登记簿，注册满足可适用条件的国际申请中的工业品外观设计。

国家途径：直接向寻求工业品外观设计保护的国家或者地区的主管局提

交的申请。国家途径也称为“直接途径”或者“巴黎公约途径”。

国际局（IB）：对于海牙体系来说，世界知识产权组织国际局的角色是国际申请的受理局。国际申请直接向 WIPO 国际局递交或者通过缔约方的知识产权主管局间接递交。WIPO 国际局处理关于海牙申请以及之后海牙注册管理的相关工作。

海牙体系：工业品外观设计国际注册海牙体系的简称。该体系由 1960 年海牙文本和 1999 年日内瓦文本两个国际协定组成。海牙体系使申请人通过向 WIPO 国际局提交一件单一申请而在多个司法管辖区注册最多高达 100 项外观设计成为可能。它通过减少分别向各个知识产权主管局提交申请的要求，简化了多国注册程序。该体系通过一个单一程序登记变更或者续展注册，也简化了工业品外观设计后续的管理。

海牙成员（缔约方）：海牙体系成员的国家或者政府间组织。包括加入《海牙协定》1999 年文本和/或者 1960 年文本的任何国家或者政府间组织。根据《海牙协定》提交国际申请的资格仅限于在至少一个协定缔约方拥有真实有效的工业或者商业机构或者固定居所的自然人或者法人，或者属于作为缔约方的国家或者作为缔约方的政府间组织的成员的国民。另外，仅限于 1999 年文本，在缔约方辖区内拥有经常居所也可以提交国际申请。

海牙国际申请：在 WIPO 管理的海牙体系下递交的工业品外观设计的国际注册申请。

海牙国际注册：通过海牙体系颁发的国际注册，有利于在多个司法管辖区获得工业品外观设计权。工业品外观设计国际注册的申请会记录在国际注册簿中并在《国际外观设计公报》（IDB）上公布。如果注册没有被指定的海牙成员知识产权主管局驳回，该注册将和该海牙成员司法辖区作出的注册享有相同的效力。

海牙途径：相对于巴黎公约途径（直接的国家或者地区途径）的另一种选择，可以使用海牙体系来提交工业品外观设计国际注册申请。

洛迦诺分类：基于洛迦诺协定的工业品外观设计国际分类的简称，用于登记工业品外观设计。洛迦诺分类表由 32 个大类和各自的小类组成，附有解释性注释和按字母顺序排列的外观设计所应用产品项的列表，还有对于产品所分入的大类和小类的解释。

欧盟知识产权局（EUIPO）：欧盟负责管理商标和共同体外观设计注册的主管局。

权利人：以其姓名或者名称登记一件国际注册的自然人或者法人。

区域申请（注册）：向拥有超过一个国家或者地区司法管辖权的区域知识产权局提交的工业品外观设计申请（或者注册）。目前共有三个区域知识产权局属于海牙体系成员：非洲知识产权组织（OAPI）、比荷卢知识产权局（BOIP）、欧盟知识产权局（EUIPO）。

世界知识产权组织（WIPO）：联合国的一个专门机构，其作用是通过国与国之间，以及与其他国际组织的合作，促进全球知识产权的保护。

申请人：提交工业品外观设计申请的自然人或者法人。一件申请中可以有多位申请人。

申请：向国家或者地区的知识产权主管局提出工业品外观设计保护的正式请求，该局通常将审查申请并决定是否在其司法管辖区内保护或者驳回该申请。

申请日：知识产权主管局或者 WIPO 国际局收到符合工业品外观设计注册要求的申请的日期。

设计量：一个工业品外观设计申请或者注册中包含的设计数量。在工业品外观设计国际注册的海牙体系中，对于属于同一大类的产品，申请人有可能在递交的一件申请里对多至 100 项外观设计寻求保护。有些国家或者地区知识产权局允许申请中包含同一产品或者同一大类的多项设计，而其他知识产权局则只允许一件申请中包含一项设计。

维持：申请人保持其知识产权授权/注册有效（生效）的行为，主要通过向提供保护的国家或者地区的知识产权局缴纳要求的费用来实现。这些费用也被称为“维持费”。工业品外观设计只能被维持有限的年限。

续展：维持工业品外观设计权利保护有效的程序。通常需要在规定期限内向知识产权主管局缴纳续展费用。如果未缴纳续展费，注册将在该缔约方失效。

有效的国际注册：当前有效的国际注册。为保持有效，国际注册必须在每5年保护期结束前，通过向 WIPO 国际局缴纳续展费用的方式进行续展。经过在被指定缔约方的续展，国际注册在被指定的缔约方的保护期限至少为十五年。然而，该期限可以根据各个国家国内的法律而定，可以长于十五年的期限。例如，瑞士的法律规定工业品外观设计的保护期限经过续展可达二十五年。

异议：对工业品外观设计保护的有效性提出争议的行政程序，通常限定在外观设计公布后的一段特定时间内。对于海牙体系而言，异议的条款是由国家法所决定的；然而，缔约方局必须提供基于异议理由的驳回程序，其期限是自国际注册在《国际外观设计公报》上公布后的六个月或者十二个月内（取决于相关缔约方的国内法律）。

原属国（国家或者地区）：为数据统计目的，申请的原属国指的是申请中第一申请人的居住国家或者地区。在某些情况下（特别是在美国），原属国是由受让人的居所决定的，而不是申请人。

优先权日：要求享有在先申请的申请日。

指定：申请人/权利人指定某一海牙成员的司法管辖区并寻求保护的要求。

注册共同体外观设计（RCD）：由欧盟知识产权局（EUIPO）颁发的注册，申请人可通过向该局直接提交单一申请，寻求欧盟全境的整体保护。

注册：在颁布一项工业品外观设计时，合法授予申请人的专有权利。颁发给申请人的注册可以使申请人在一段时间内依法行使其外观设计权。

附录二　DM/1 表及填写说明（中译文）[1]

DM/1 表

国际注册的申请

重要事项

强烈建议您通过 eHague 系统提交国际申请。

注意：使用 DM/1 表时，复制件的页数每增加一页，将额外收取 150 瑞士法郎的公布费。

如果使用该表格：

1. 除非另有说明，所有空格均为**必填项**。
2. 您必须以电子方式填写本表格；WIPO 不接受手写表格。
3. 请避免打印或者扫描本表格。通过 Contact Hague 将已填写并签名的表格上传。
4. 一件国际申请最多可包含 100 项属于洛迦诺分类中同一大类的外观设计。
5. **复制件**必须按标准要求制作。
6. 根据国内法律要求的**保密审查**：
   - **俄罗斯**的法人或者国民在俄罗斯境内创作的外观设计须经**俄罗斯联邦知识产权局**（ROSPATENT）的保密审查程序，以确保该外观设计不包含国家机密；和
   - 对于在**美国**境内创作的外观设计，申请人在美国境外提交申请前必须先获得美国专利商标局（USPTO）的许可。
7. 使用**海牙体系费用计算器**计算您的国际申请费用，或者参阅**海牙体系费用和支付**。
8. 有关缔约方及其主管局的更多信息，请参阅**海牙体系成员简介**。有关填写此表格的更多信息，请参阅**《海牙体系指南》**。

附件

附件 Ⅰ—提交一份设计人声明，如果无法提供上述声明，提交一份替代设计人声明的声明（如果指定**美国**，则必须提交）。

附件 Ⅱ—提交关于不丧失新颖性例外的证明文件（指定**中国、日本 和/或者韩国**）（见第 15 栏）。

附件 Ⅲ—确认所知的有关工业品外观设计保护资格的至关重要的信息（指定**美国**）。

附件 Ⅳ—提交小微企业证明，以享受单独指定费的减免（指定**美国**）（见第 18 栏）。

附件 Ⅴ—提交支持优先权要求的证明文件（指定**中国、日本和/或者韩国**）（见第 13 栏）。

---

[1] 附录二为 WIPO 国际局于 2024 年 3 月发布的 DM/1 表及附件Ⅰ—附件Ⅴ的中译文，仅供参考。

国际注册的申请

供申请人使用

编号（选填）：

续页的页数（如果有）：

该国际申请随附以下附件：

☐ Ⅰ　☐ Ⅱ　☐ Ⅲ　☐ Ⅳ　☐ Ⅴ

供转交局使用

传送国际申请的局（如适用）：

转交局的名称：

转交局的编号：

转交局收到国际申请的日期：

日/月/年

转交局签字和/或者盖章：

供 WIPO 国际局使用

1. 申请人

□ 有多个申请人，请勾选此框，并在续页上填写每个新增的申请人第 1、2 和 3 栏所需的信息。

申请人是：

○ **自然人：**

姓

名

○ **法人：**

正式全称

地址：

例如 街道，门牌号（如果有）

邮政编码：

城市：

地区/州（选填）：

国家：

电子邮件地址：

除在本表格第 4 栏中指明其他电子邮件地址或者指定代理人外，WIPO 将所有通信仅发送至上述电子邮件地址。申请人必须确保上述电子邮件地址是最新的正确地址。

电话号码（选填）：

包括国家区号和城市区号，例如 +41 22 338 7575

2. 提交申请的资格

申请人必须是缔约方的国民，或者在缔约方境内有住所、经常居所或者真实有效的工商业营业所。您必须在每栏中指明相应的缔约方。如果某一项不适用，请填写“无”。如果申请资格源自作为缔约方的某一政府间组织（IGO）的某一成员国（欧盟或者非洲知识产权组织），则应同时指明该成员国和该政府间组织（例如“法国，欧盟”）；对于不是缔约方的政府间组织成员国，仅注明政府间组织的名称。

国籍：

住所：

真实有效的工商业营业所：

经常居所：

仅适用于受 1999 年文本约束的缔约方

3. 申请人的缔约方（仅适用于1999年文本）

指明受1999年文本约束并在上述第2栏中规定的缔约方或者缔约方之一作为申请人的缔约方。如果以下方框中未指明缔约方，并且国际申请是通过第2栏中指明的缔约方主管局提交的，则该缔约方被视为申请人的缔约方。

申请人的缔约方：

4. 用于与多个申请人通信的电子邮件地址（如适用）

如果有多个申请人，并且没有委托代理人，请填写此栏。注：如果只有一名申请人或者委托了代理人，则本栏下提供的信息将被忽略。

电子邮件地址：

WIPO将所有通信仅发送至上述电子邮件地址。申请人必须确保上述电子邮件地址是最新的正确地址。

5. 代理人的委托（选填）

以下人士被委托为申请人的代理人。
只能委托**一名代理人**。注：律师事务所被视为一名代理人。如果同时指明了自然人和法人，则将法人的名称登记在自然人的姓名之前，作为代理人的姓名。

代理人是：

○ **自然人：**

姓

名

○ **法人：**

正式全称

地址：

例如 街道，门牌号（如果有的话）

邮政编码：

城市：

地区/州（选填）：

国家：

电子邮件地址：

如果委托了代理人，WIPO将向此电子邮件地址发送所有通信。请确保其是最新的准确地址。

电话号码（选填）：

包括国家区号和城市区号，例如 +41 22 338 7575

6. 外观设计、复制件和/或者样本的数量

巴西、中国、爱沙尼亚、吉尔吉斯斯坦、墨西哥、罗马尼亚、俄罗斯、叙利亚、塔吉克斯坦、美国和越南要求外观设计的单一性。如果本申请包含一项以上的外观设计并指定了上述任何缔约方，WIPO 强烈建议您参考《海牙体系指南》中的国际申请第 6 栏和多项设计指南。如果指定**中国**，见本表第 16 栏。

外观设计的总数目（不得超过 100 项）：

复制件的总数目：

包含复制件的 A4 纸总页数：

样本总件数（如果有）：

7. 被指定的缔约方

选择您寻求保护的所有缔约方。每个指定缔约方必须受某一文本（1999 年文本和/或者 1960 年文本）的约束，第 2 栏中所示的至少一个缔约方也受该文本的约束（本表附有一份缔约方名单）。

重要提示：提交申请后不能再指定其他缔约方。

☐ AL 阿尔巴尼亚
☐ AM 亚美尼亚
☐ AZ 阿塞拜疆
☐ BA 波斯尼亚和黑塞哥维那
☐ BG 保加利亚
☐ BJ 贝宁
☐ BN 文莱
☐ BR 巴西
☐ BW 博茨瓦纳
☐ BX 比荷卢经济联盟
☐ BY 白俄罗斯
☐ BZ 伯利兹
☐ CA 加拿大
☐ CH 瑞士
☐ CI 科特迪瓦
☐ CN 中国
☐ DE 德国
☐ DK 丹麦
☐ EE 爱沙尼亚
☐ EG 埃及
☐ EM 欧盟
☐ ES 西班牙
☐ FI 芬兰
☐ FR 法国
☐ GA 加蓬
☐ KR 韩国
☐ LI 列支敦士登
☐ LT 立陶宛
☐ LV 拉脱维亚
☐ MA 摩洛哥
☐ MC 摩纳哥
☐ MD 摩尔多瓦共和国
☐ ME 黑山共和国
☐ MK 北马其顿
☐ ML 马里
☐ MN 蒙古
☐ MU 毛里求斯
☐ MX 墨西哥
☐ NA 纳米比亚
☐ NE 尼日尔
☐ NO 挪威
☐ OA 非洲知识产权组织（OAPI）
☐ OM 阿曼
☐ PL 波兰
☐ RO 罗马尼亚
☐ RS 塞尔维亚
☐ RU 俄罗斯
☐ RW 卢旺达
☐ SG 新加坡
☐ SI 斯洛文尼亚

☐ GB 英国
☐ GE 格鲁吉亚
☐ GH 加纳
☐ GR 希腊
☐ HR 克罗地亚
☐ HU 匈牙利
☐ IL 以色列
☐ IS 冰岛
☐ IT 意大利
☐ JM 牙买加
☐ JP 日本
☐ KG 吉尔吉斯斯坦
☐ KH 柬埔寨
☐ KP 朝鲜
☐ SM 圣马力诺
☐ SN 塞内加尔
☐ SR 苏里南
☐ ST 圣多美和普林西比
☐ SY 叙利亚
☐ TJ 塔吉克斯坦
☐ TM 土库曼斯坦
☐ TN 突尼斯
☐ TR 土耳其
☐ UA 乌克兰
☐ US 美国
☐ VN 越南
☐ WS 萨摩亚

8. 外观设计的产品名称

表明每项工业品外观设计的产品或者与设计相关的产品。
特别说明：根据**加拿大**、**中国（仅排除3201）**、**以色列**、**墨西哥和韩国**的法律，属于洛迦诺分类第32类的产品不是保护客体（其各自主管局将拒绝保护）。

外观设计的洛迦诺分类号（选填）：

外观设计的编号（按数字排序）	**复制件的总数**	**产品名称**	**小类**（选填）

☐ 如果表格提供的空间不足，请勾选此选框并使用续页。

9. 简要说明书（如适用）

一般说明：仅描述复制件中出现的**设计特征**。复制件中展示但不要求保护的部分也可在此处说明（和/或者通过虚线或者着色的方式在复制件中表示）。简要说明书可以进一步披露工业品外观设计的操作或者可能的用途，但不得是技术性的。此外，可以指明省略特定视图。对于超出100个单词之外的每个词，将额外收取2瑞士法郎的费用。
对某些缔约方的特别说明：如果指定**叙利亚**，则必须提交对复制件或者设计特征的简要说明书。如果指定**中国**、**罗马尼亚或者越南**，则必须提交设计特征的简要说明书。如果指定**俄罗斯**，建议您提交关于工业品外观设计特征的简要说明书。

☐ 如果表格提供的空间不足，请勾选此选框并使用续页。

10. 外观设计复制件（图例）的说明（选填）

推荐申请人填写，尤其是指定**中国、日本和/或者美国**时。可参阅《复制件指南》以获得更多信息。

将复制件空白处的编号与相应的代码关联

1 立体图	3 后视图	5 仰视图	7 右视图	9 展开图	11 剖面图
2 主视图	4 俯视图	6 左视图	8 参考图	10 分解图	12 放大图
00 其他视图（不超过 50 个字符）					

编号 例如 1.1	**代码** 例如 2	**说明** 仅在选择“00”代码时描述	**编号** 例如 1.1	**代码** 例如 2	**说明** 仅在选择“00”代码时描述

☐ 如果表格提供的空间不足，请勾选此选框并使用续页。

11. 设计人身份（如适用）

如果在第 7 栏中指定**巴西、芬兰、加纳、匈牙利、冰岛、毛里求斯、墨西哥、罗马尼亚和/或者美国**，则必须说明设计人的身份。指定**巴西、芬兰、加纳、匈牙利、冰岛、毛里求斯和/或者墨西哥**，声明第 11 栏中指定的人应当是该外观设计的设计人。如果被指定为设计人的人不是申请人，应当声明本国际申请已由设计人转让给申请人。如果第 7 栏中指定的是**美国**，则必须说明设计人的身份，并使用附件 I 提交设计人的宣誓或者声明。如果第 7 栏中指定的是**保加利亚、中国、日本、韩国、俄罗斯、塞尔维亚、塔吉克斯坦和/或者土耳其**，强烈建议您说明设计人的身份（参见《海牙体系指南》中“设计人的身份”）。

外观设计的编号（按数字排序）	设计人
如果设计人与所有设计有关，则留空。	**设计人 1** 姓，名 地址（例如 街道，门牌号，邮政编码） 城市 地区/州（选填） 国家
	设计人 2 姓，名 地址（例如 街道，门牌号，邮政编码） 城市 地区/州（选填） 国家
	设计人 3 姓，名 地址（例如 街道，门牌号，邮政编码） 城市 地区/州（选填） 国家

☐ 如果表格提供的空间不足，请勾选此选框并使用续页。

12. 权利要求书（如适用）

仅在指定**美国和/或者越南**时适用。

美国：

如图所示及所描述的 [   ] 的装饰性外观设计。

在表格提供的空格处写明展现或者应用该外观设计的产品。如果本国际申请中包含同一产品的多项外观设计，该产品应当以单数形式书写。

越南：

通过在第7栏中指定越南，申请人提出以下权利要求："申请对如图所示及所描述的工业品外观设计的整体保护。"

13. 优先权要求（如适用）

指明要求优先权的每项工业品外观设计的编号。如果没有指明具体的工业品外观设计，则推定优先权要求涉及本申请中全部外观设计。

巴西、中国、日本、墨西哥、韩国、俄罗斯、土耳其和美国要求直接向其主管局提交优先权文件。欲了解更多信息，请参阅《海牙体系指南》中国际申请—第13栏。

在先申请的主管局	**在先申请号**（如果有）	**在先申请日**	**DAS码**（如果有）	**外观设计的编号**	**提供的附件V**
		日/月/年	参见《海牙体系指南》中WIPO数字查询服务—第13栏	按数字排序（例如：设计1，设计2）	只限于指定中国、日本或者韩国时提交
					□ 是
					□ 是
					□ 是

通过提供上述信息，申请人可以主张在先申请的优先权。

□ 如果表格提供的空间不足，请勾选此选框并使用续页。

14. 国际展会（如适用）

根据《巴黎公约》第11条的规定，在国际展览上展出的外观设计可以受到临时保护。通过提供这些信息，申请人可以声明一个或者多个外观设计已经在官方的或者官方认可的国际展览上展出。

展会地点： [   ]

展会名称： [   ]

产品首次展出的日期：

日/月/年

外观设计的编号：

按数字顺序指明相关展会上展出的每项外观设计的编号。如果未指明具体的任何外观设计，则推定所有的外观设计都在该展会上展出。

□ 如果表格提供的空间不足，请勾选此选框并使用续页。

15. 不丧失新颖性的例外（如适用）

指定**中国、日本和/或者韩国时**，可以请求不丧失新颖性的例外。更多信息请参阅**《海牙体系指南》中国际申请—第15栏。**

（a）相关缔约方：　□ 中国　□ 日本　□ 韩国

（b）申请人声称，对于本申请中包含的下列外观设计，可以享受相关缔约方的外观设计法规定的宽限期

○ 所有设计，或者

○ 以下设计（例如设计1、设计2）：

您必须通过提交附件Ⅱ（见下面的复选框）或者直接向相关主管局提交证明文件。

□ 如果有附件Ⅱ，请勾选此项。

16. 基本设计或者关联外观设计（如适用）

如果指定**中国、日本和/或者韩国**，WIPO国际局强烈建议参考**《海牙体系指南》中国际申请—第16栏**。

中国：基本设计

如果指定中国，您可以在国际申请中为同一产品提交最多10项相似设计，在这种情况下，您必须指明其中一项作为**基本设计。**

申请人表明以下设计为基本设计（如设计1）：

日本和/或者韩国：基本外观设计和关联外观设计

如果指定日本和/或者韩国，可注册与一项基本外观设计关联的外观设计。

（a）相关缔约方：　□ 日本　□ 韩国

（b）申请人要求将本申请中包含的以下外观设计注册为**关联外观设计：**

○ 所有设计，或者
○ 以下设计（例如设计 1、设计 2）：

（c）与第（b）栏所述**基本外观设计**相关的信息（注：基本外观设计必须在相关缔约方的主管局申请或者注册）：

（ⅰ）基本外观设计的主体：

☐ 当前的国际申请

☐ 指定日本和/或者韩国的在先国际申请

WIPO 编号（例如 123456789，WIPO12345）

☐ 指定日本和/或者韩国的在先国际注册

国际注册号

☐**向日本和/或者韩国提出的在先申请**

申请号/申请人的编号

☐**在日本和/或者韩国进行的在先国家注册**

国家注册号

（ⅱ）如果上述国家或者国际申请/注册中包含多项外观设计，应指明作为**基本设计的外观设计的编号：**

☐ 如果表格提供的空间不足，请勾选此选框并使用续页。

17. 国际注册的公布（选填）

除非申请人选择以下选项之一，国际注册将在**国际注册日之后十二个月**公布：

☐ 立即公布（国际注册登记后）

☐ 在选定的时间公布：　　　　自申请日起＿＿个月。

重要提示：国际注册必须在申请日后三十个月内公布，如果要求优先权，则必须在优先权日后三十个月内公布。

- 如果指定了白俄罗斯、伯利兹、比荷卢、巴西、文莱、柬埔寨、克罗地亚、丹麦、爱沙尼亚、芬兰、匈牙利、冰岛、以色列、牙买加、墨西哥、摩纳哥、挪威、OAPI、波兰、俄罗斯、萨摩亚、斯洛文尼亚、苏里南、叙利亚、乌克兰、英国、美国、越南（1999年文本）或者1960年文本的任何缔约方，该选定时间不能超过十二个月。
- 如果指定了新加坡，该选定时间不得超过自申请日期起十八个月。

18. 单独指定费的减费（如适用）

仅在指定**以色列、墨西哥和/或者美国**时适用。勾选对应的方框。

以色列

☐ 申请人是自然人、年收入不超过《以色列外观设计条例》规定金额的小微企业，或者是以色列法律认可的高等教育机构，并且在第13栏中没有提出优先权要求。

重要提示：减费资格的确认，请访问**以色列专利局（ILPO）网站。**

墨西哥

☐ 申请人经宣誓后声明，其属于墨西哥工业产权局（IMPI）根据协议第四款第一段的规定所提供的用于服务的费用类别（设计人是自然人、微型或者小型企业、公立或者私立高等教育机构、公立科研院所）之一的，可仅减免50%的相应费用。

重要提示：申请人希望确定其是否有资格获得微型或者小型企业地位的，应查阅**“建立微型、小型和中型企业分类的协议”**（仅西班牙语）。

美国

☐ 申请人主张《美国法典》第35编第41款（h）项和《小企业法》第3章以及美国专利商标局适用规定定义的小型企业地位。

☐ 申请人需证明其属于《美国法典》第35编第123款和美国专利商标局适用规定定义的微型实体。申请人必须使用附件IV提交微型实体认证书（PTO/SB/15A或者PTO/SB/15B）。

重要提示：微型或者小型企业资格的确认，请访问**美国专利商标局（USPTO）网站**。

19. 签名

签名人：

○ **申请人**　　○ **申请人的代理人**

（如果由代理人签字，则必须填写上述第5栏。）

姓名全称： ________________

如本表第1栏或者第5栏所述。

日期： ________________

日/月/年

签名：

建议使用文本字符串签名（例如/John Doe/）。签名可以是手写、打印、盖章、打印或者其他电子形式（图像、数字或者计算机生成）。

费用的缴纳

☐ 申请人已要求延迟公布（已在第 17 栏写明超过十二个月）并希望延迟缴纳公布费。（注：最迟不晚于延迟期限届满前三周。）

1. **以瑞士法郎总计**（使用费用计算器或者费用计算表）：

2. **WIPO 国际局经常往来账户的借方说明**

授权 WIPO 国际局从以下 WIPO 国际局经常往来账户中扣除所需费用（如果填写了这一栏，就无须填写下面第 3 栏或者第 4 栏）：

账户所有人：

账户号码：

授权者身份：

全名或者授权用户名称

3. **已经确认的付款**

这必须是你以前寄给 WIPO 国际局并希望用于本申请的付款。

缴费者身份：

银行账户持有人的全名

WIPO 国际局收据编号：

您之前付款的收据号码

4. **银行转账**

缴费者身份：

银行账户持有人的全名

☐ 向 WIPO 国际局的银行账户转账，Credit Suisse，CH－1211 Geneva 70 IBAN No. CH51 0483 5048 7080 8100 0 Swift/BIC：CRESCHZZ80A

付款说明：	例如，海牙，用户编号
日/月/年：	

☐ 向 WIPO 国际局邮政账户转账（仅限欧洲境内），WIPO，SWISS POST/Postfinance，Engelhaldenstrasse 37，CH-3030 Bern IBAN No. CH03 0900 0000 1200 5000 8 Swift/BIC：POFICHBE

付款说明：	
	例如，海牙，用户编号
日/月/年：	

5. 向主管局缴费（仅适于间接提交）

☐ 向美国专利商标局缴费

费用计算表（所有金额均为瑞士法郎）

注：本表为方便用户使用而提供。建议使用费用计算器。最不发达国家（LDCs）的申请人可享受90%的费用减免。

基本费

一项外观设计：				397
同一国际申请中每附加一项外观设计：50	×	☐	第一项外观设计之后的项数	= ☐

公布费

17	×	☐	复制件件数	= ☐
150	×	☐	显示复制件的页数（从第2页开始计算）	= ☐

说明书超过100个单词的附加费

2	×	超过100个单词的字数	= ☐

标准指定费

第一级费用

（阿尔巴尼亚、阿塞拜疆、伯利兹、比荷卢、贝宁、波斯尼亚和黑塞哥维那、博茨瓦纳、科特迪瓦、埃及、法国、加蓬、希腊、意大利、列支敦士登、马里、摩纳哥、蒙古、黑山、尼日尔、北马其顿、阿曼、卢旺达、萨摩亚、圣马力诺、圣多美和普林西比、塞内加尔、新加坡、斯洛文尼亚、西班牙、苏里南、土耳其、英国）

第一项外观设计：42	×	☐	缔约方数目	= ☐

第一项外观设计之后每附加一项：2 × ［ ］外观设计项数 × ［ ］缔约方数目 = ［ ］

第二级费用

（亚美尼亚、白俄罗斯、巴西、保加利亚、柬埔寨、克罗地亚、丹麦、爱沙尼亚、德国、拉脱维亚、毛里求斯、摩洛哥、挪威、波兰、瑞士、突尼斯、乌克兰）

第一项外观设计：60 × ［ ］缔约方数目 = ［ ］

第一项外观设计之后每附加一项：20 × ［ ］外观设计项数 × ［ ］缔约方数目 = ［ ］

第三级费用

（文莱、朝鲜、芬兰、格鲁吉亚、加纳、冰岛、牙买加、立陶宛、纳米比亚、韩国（属于洛迦诺分类第 1、2、3、5、9、11 或者 19 大类的外观设计）、罗马尼亚、塞尔维亚、叙利亚、塔吉克斯坦、越南）

第一项外观设计：90 × ［ ］缔约方数目 = ［ ］

第一项外观设计之后每附加一项：50 × ［ ］外观设计项数 × ［ ］缔约方数目 = ［ ］

单独指定费

加拿大

370 × ［ ］外观设计项数 = ［ ］

中国

497 = ［ ］

欧盟

59 × ［ ］外观设计项数 = ［ ］

匈牙利

47（第一项外观设计） + 11（每项附加设计） × ［ ］外观设计项数 = ［ ］

以色列

106（标准金额） × ［ ］外观设计项数 = ［ ］

63（减费（第 18 栏）） × ［ ］外观设计项数 = ［ ］

日本

436 × ［ ］外观设计项数 = ［ ］

吉尔吉斯斯坦

129（第一项外观设计） + 64（每项附加设计） × ［ ］外观设计项数 = ［ ］

墨西哥

（墨西哥的个人指定费包括两部分，第一部分在提交国际申请时支付，第二部分在墨西哥工业产权局通知后支付）

98（第一项外观设计）（标准金额） + 3（每项附加设计） × ☐外观设计项数 = ☐

49（第一项外观设计）（费减（第18栏）） + 1（每项附加设计） × ☐外观设计项数 = ☐

非洲知识产权组织

一项单独外观设计：73（标准金额）或者8（适用于最不发达国家的申请人） = ☐

多项外观设计：110（标准金额）或者12（适用于最不发达国家的申请人） = ☐

韩国

（属于洛迦诺分类第4、6、7、8、10、12至18，或者第20至32大类的外观设计）

162 × ☐外观设计项数 = ☐

摩尔多瓦

73（第一项外观设计） + 7（每项附加设计） × ☐外观设计项数 = ☐

俄罗斯

107（第一项外观设计） + 22（每项附加设计） × ☐外观设计项数 = ☐

土库曼斯坦

589（第一项外观设计） + 36（每项附加设计） × ☐外观设计项数 = ☐

美国

（美国的个人指定费包括两部分，第一部分在提交国际申请时支付，第二部分应美国专利商标局的要求支付）

941（标准金额）或者377瑞士法郎（小型企业（第18栏））
或者188（微型企业（第18栏）） = ☐

总计：☐

《海牙协定》的缔约方

附表1为每个缔约方提供了对其具有约束力的法律文本，并进一步指明了应向该缔约方支付何种指定费。

数字（1、2或者3）表示标准指定费的等级。字母“IF”表示适用单独指定费（费用计算表中列出了所有这些费用的金额）。如果空白，则表示该缔约方不受相应法律文本的约束。

附表1 《海牙协定》的缔约方

《海牙协定》的缔约方		《海牙协定》的文本	
		1999年文本	1960年文本
(AL)	阿尔巴尼亚	1	1
(AM)	亚美尼亚	2	
(AZ)	阿塞拜疆	1	
(BA)	波斯尼亚和黑塞哥维那	1	
(BG)	保加利亚	2	2
(BJ)	贝宁		1
(BN)	文莱	3	
(BR)	巴西	2	
(BW)	博茨瓦纳	1	
(BX)	比荷卢经济联盟	1	1
(BY)	白俄罗斯	2	
(BZ)	伯利兹	1	1
(CA)	加拿大	IF	
(CH)	瑞士	2	2
(CI)	科特迪瓦		1
(CN)	中国	IF	
(DE)	德国	2	2
(DK)	丹麦	2	
(EE)	爱沙尼亚	2	
(EG)	埃及	1	

续表

《海牙协定》的缔约方		《海牙协定》的文本	
		1999 年文本	1960 年文本
(EM)	欧盟	IF	
(ES)	西班牙	1	
(FI)	芬兰	3	
(FR)	法国	1	1
(GA)	加蓬		1
(GB)	英国	1	
(GE)	格鲁吉亚	3	3
(GH)	加纳	3	
(GR)	希腊	1	1
(HR)	克罗地亚	2	2
(HU)	匈牙利	IF	IF
(IL)	以色列	IF	
(IS)	冰岛	3	
(IT)	意大利	1	1
(JM)	牙买加	3	
(JP)	日本	IF	
(KG)	吉尔吉斯斯坦	IF	IF
(KH)	柬埔寨	2	
(KP)	朝鲜	3	3
(KR)	韩国	IF/3	
(LI)	列支敦士登	1	1
(LT)	立陶宛	3	
(LV)	拉脱维亚	2	
(MA)	摩洛哥	2	2
(MC)	摩纳哥	1	1
(MD)	摩尔多瓦共和国	IF	IF
(ME)	黑山共和国	1	1
(MK)	北马其顿	1	1
(ML)	马里		1

续表

《海牙协定》的缔约方		《海牙协定》的文本	
		1999 年文本	1960 年文本
(MN)	蒙古	1	1
(MU)	毛里求斯	2	
(MX)	墨西哥	IF	
(NA)	纳米比亚	3	
(NE)	尼日尔		1
(NO)	挪威	2	
(OA)	非洲知识产权组织（OAPI）	IF	
(OM)	阿曼	1	
(PL)	波兰	2	
(RO)	罗马尼亚	3	3
(RS)	塞尔维亚	3	3
(RU)	俄罗斯	IF	
(RW)	卢旺达	1	
(SG)	新加坡	1	
(SI)	斯洛文尼亚	1	1
(SM)	圣马力诺	1	
(SN)	塞内加尔		1
(SR)	苏里南	1	1
(ST)	圣多美和普林西比	1	
(SY)	叙利亚	3	
(TJ)	塔吉克斯坦	3	
(TM)	土库曼斯坦	IF	
(TN)	突尼斯	2	
(TR)	土耳其	1	
(UA)	乌克兰	2	2
(US)	美国	IF	
(VN)	越南	3	
(WS)	萨摩亚	1	

DM/1 表填写说明

第 1 栏：申请人

多个申请人

如果有多个申请人，应勾选选框，并在续页中填写其他申请人的相关信息。eHague 系统也允许填写多个申请人。

名称

如果申请人是自然人，名称应当写明惯用的姓和名，且以惯用顺序书写。如果申请人是法人，必须写明正式全称。如果申请人的名称是非拉丁字母，名称必须按照国际申请所用语言的发音音译成拉丁字母。如果申请人是法人，可以用国际申请语言的译文代替音译。

地址

申请人提供的邮寄地址必须能够满足邮递要求，至少应包含详细的地址，如有门牌号码的话，还应包括门牌号码。

电子邮件地址

国际申请必须包括申请人的电子邮件地址。如果没有指定代理人，WIPO 国际局将所有通信发至该电子邮件地址。电子邮件地址仅在国际注册簿上登记，不提供给第三方。

电话号码

建议填写一个电话号码，以便 WIPO 国际局与申请人进行联系。

第 2 栏：提交申请的资格

第 2 栏中的每一项均可填写多个缔约方。申请人应根据实际情况在第 2 栏中填写真实有效的工商业营业所所在地的缔约方，申请人拥有住所的缔约方，以及申请人是其国民的缔约方。

另外，申请人还应当指明申请人拥有经常居所的缔约方（如有），前提是该缔约方加入了 1999 年文本。需要注意的是，仅依据 1999 年文本可以因拥有经常居所而享有申请权。

若使用DM/1表，应当写明缔约方的全名。对于电子申请，应当从相应的下拉菜单中选择缔约方相应的字母代码。

即使第2栏每格所填写的缔约方完全相同，也应按照要求全部填上。如果某格内容不适用，申请人应当填写“无”。

通过政府间组织提交的资格

政府间组织可以成为1999年文本的缔约方。目前有两个政府间组织为1999年文本的缔约方：欧盟和非洲知识产权组织（OAPI）。

申请人在某缔约方拥有真实有效的工商业营业所、住所或者经常居所，而该缔约方是某一政府间组织的成员国，该政府间组织又是《海牙协定》的缔约方；或者申请人是作为缔约方的政府间组织成员国的国民，申请人应当同时写明该缔约方及该政府间组织。但是，如果申请资格来自政府间组织的某一成员国，而该成员国本身并非缔约方，仅写明该政府间组织的名称即可。

多重资格

申请人写明来自不同缔约方的多重资格十分重要，因为可以允许申请人在更大地理范围内获得保护。

例如，申请人拥有仅受1960年文本约束的缔约方A的国籍，但其住所位于仅受1999年文本约束的缔约方B的境内，其可以指定1960年文本和/或者1999年文本的所有缔约方。

如果申请人根据1960年文本和1999年文本享有多项独立权利，指定了同样受1960年文本和1999年文本约束的缔约方，则对该缔约方的指定受1999年文本约束，因为该文本是最新的文本。

第3栏：申请人的缔约方（仅适用于1999年文本）

根据1999年文本的规定，申请人的缔约方就是申请人获得国际申请提交权的缔约方。如果在第2栏中仅指明了一个适用1999年文本的缔约方，该缔约方还必须在第3栏中予以指明。另外，如果在第2栏中指明了多个适用1999年文本的缔约方，应当从这些缔约方中选择一个作为申请人的缔约方。

不要求在国际申请中指明1960年文本所规定的原属国，因为该指明对于

WIPO 国际局所进行的审查没有任何效力。

第 4 栏：用于与多个申请人通信的电子邮件地址（如适用）

如果 DM/1 表第 5 栏中填写了代理人的名称、邮寄地址和电子邮件地址，所有发送给申请人的通信将会发送给该代理人。但是，如果有多个申请人，且没有在 DM/1 表第 5 栏中指明代理人，则必须指明一个电子邮件地址，用于与所有申请人通信。若未指明，则第 1 栏中第一位申请人的电子邮件地址将被视为相关通信用的电子邮件地址。

第 5 栏：代理人的委托（选填）

如果申请人希望在国际程序中指定代理人，应当在 DM/1 表第 5 栏中填写代理人的名称、邮寄地址和电子邮件地址。所填信息应当满足联系到该代理人的要求，最好包括电话号码。对于通过 eHague 系统提交的国际申请，WIPO 国际局将向提供的电子邮件地址确认收到该申请。

如果代理人的名称是用非拉丁字母写成，名称必须按照国际申请所用语言的发音音译成拉丁字母。如果代理人是法人，可以用国际申请语言的译文代替音译。

在此栏中或者 eHague 系统相应部分写明代理人的名称、邮寄地址和电子邮件地址，即可在国际申请中指定代理人。对指定代理人的，DM/1 表可由申请人或者代理人在第 19 栏中签字，委托书不是必交文件。

在国际程序中，海牙体系没有对谁可以被指定为代理人作出任何限制或者要求（例如，有关职业水平、国籍或者居所）。所以，申请人指定的代理人可以在非原属国或者申请人缔约方居住，可以在申请人缔约方执业，但代理人是否在某一缔约方居住或者执业对其没有影响。

在国际申请中指定代理人，仅授权其在国际程序中进行代理。接下来在被指定缔约方主管局的程序中，可能需要另外指定一个或者多个代理人，指定代理人的条件由相关缔约方规定。

WIPO 国际局将代理人的指定以及其他与代理人相关的信息记录在国际注册簿上。电子邮件地址在国际注册簿上登记，但不向第三方提供。

第 6 栏：外观设计、复制件和/或者样本的数量

在 eHague 系统中，外观设计和复制件的总数目将根据所提供的信息和复制件自动填写。如果申请含有外观设计的样本而不是复制件，则不适用 eHague 系统。

如果根据 1999 年文本指定了已依第 13 条第（1）款声明了外观设计单一性要求的缔约方，而该国际申请未能满足单一性要求，则外观设计仍可以在同一国际申请中提交，但是有关缔约方主管局可以对其进行驳回，之后可以通过在该局分案来满足其单一性要求。

若国际申请中包含多项外观设计，建议参考《关于一份国际申请中包含多项外观设计以预防可能驳回的指导原则》，该指导原则是与根据 1999 年文本第 13 条第（1）款声明外观设计单一性要求的缔约方主管局协商后制定的。

需要注意的是，指定巴西、中国、爱沙尼亚、吉尔吉斯斯坦、墨西哥、罗马尼亚、俄罗斯、叙利亚、塔吉克斯坦、美国和越南的国际注册如果不满足该缔约方的法律规定，缔约方可以拒绝国际注册的效力。

根据巴西的声明，一件国际申请只能包含一项工业品外观设计，最多可以有 20 件变形设计，但变形设计必须用于同一目的，并保持相同的主要显著特征。

如中国在声明中指出，国际申请只能包含一项外观设计，但同一产品两项以上的相似外观设计，或者用于成套出售或者使用的产品的两项以上外观设计，可以作为一件申请提出。需要注意的是，如果国际申请中包含同一产品的两项以上相似外观设计，则外观设计的总数不能超过 10 项，并且申请人应当指定其中一项作为“基本设计”（参见“第 16 栏：基本设计或者关联外观设计”）。如果国际申请包含用于成套出售或者使用的产品的两项以上外观设计，所有外观设计必须具有相同的设计构思。

墨西哥在声明中表示，国际申请只能包含一项外观设计或者一组外观设计，这些外观设计相互关联，形成一个单一的概念。

俄罗斯在声明中明确指出，同一国际注册的各项外观设计应满足创意单一性的要求。满足这一要求的条件包括：一项独立、明确的外观设计；或者一项外观设计以及与该项外观设计仅具视觉上不显著的特征差异和/或者颜色组合差异的变体；或者属于同一套产品的一组外观设计，以及属于同一套产品中单独产品的一项或者多项外观设计。

美国在声明中指出，只有一项独立的、明确的外观设计可以在一件申请中提出权利要求。在国际注册中只有一项外观设计，或者国际注册中的外观设计没有可专利性差异的情况下，才能满足这一要求。

越南在声明中表示，在一项国际申请中只能要求一项独立和清楚的外观设计，但以下情况除外：同一国际申请中的外观设计必须由同一组项目组成，并符合外观设计单一性、用途单一性或者在使用中相互配合的要求；或者一项外观设计可附有作为该外观设计变体的单一或者多个设计，这些设计必须符合外观设计的单一性要求，并与该外观设计差别不大。

第 7 栏：被指定的缔约方

申请人必须通过勾选相应的选框，来指定寻求保护的每一个缔约方。在线提交时，eHague 系统只会显示可以被指定的缔约方。应勾选寻求保护的每一个缔约方，提交之后不能补充缔约方。

可以指定哪些缔约方？

每个被指定的缔约方，必须与第 2 栏（提交申请的资格）中指明的缔约方之一受相同的文本约束——1999 年文本和/或者 1960 年文本。在 DM/1 表的附件中列出了所有的缔约方，并提供了每个缔约方所加入的文本。eHague 系统会根据第 2 栏所提供的申请资格数据自动确定可以选择的被指定缔约方。

例如，如果申请人已说明其在仅受 1999 年文本约束的国家 A 有营业所，没有说明拥有其他申请资格，该申请人仅可指定加入 1999 年文本的缔约方，无论这些缔约方是否还同时加入了 1960 年文本。但是，该申请人不能指定仅受 1960 年文本约束的缔约方。

相反，如果申请人说明其在受 1960 年文本约束的国家 A 拥有营业所，在受 1999 年文本约束的国家 B 有住所，就可以同时指定只加入 1960 年文本、只加入 1999 年文本以及同时加入 1960 年文本和 1999 年文本的缔约方。

多重资格的一种特殊情形发生在当缔约方是政府间组织成员国，而这些成员国自身加入了1960年文本时。例如，申请人是仅受1960年文本约束的缔约方A的国民，而该国是欧盟的成员国，该申请人可以指定所有加入了1960年文本或者1999年文本的缔约方，因为欧盟是1999年文本的缔约方。

如果申请人根据1960年文本和1999年文本享有多项独立权利，指定了同样受1960年文本和1999年文本约束的缔约方，则对该缔约方的指定受1999年文本约束，因为该文本是最新的文本。

需要注意的是，申请人在提交国际申请时，应当指定为外观设计寻求保护的全部缔约方。如果申请人在此之后觉得有必要增加其他缔约方，只能通过提交新的国际申请的方式寻求保护。

在原属国以及在申请人缔约方的保护

原则上，依据海牙体系，申请人可以请求在原属国以及申请人缔约方领土范围内获得保护。

1999年文本明确规定，任何主管局是审查局的缔约方，可以通过声明的方式通知世界知识产权组织总干事，来自该缔约方的申请人提交的国际注册对其自身的指定无效，WIPO国际局将不采纳对该缔约方的指定。

第8栏：外观设计的产品名称

申请人必须在第8栏中说明其外观设计是什么。根据外观设计是平面产品还是立体产品，可以有以下两种情况：①如果外观设计是立体产品，应当写明该产品的通用名称，例如“椅子”；②如果外观设计是用于产品的平面装饰性图案，应当写明使用在何种产品上，例如“用于盘子的图案”或者“纺织品图案”。

每项外观设计均需写明产品名称。

一些缔约方的国内法律规定（例如，日本和韩国），除外观设计图样之外，外观设计的保护范围还应由产品名称决定。根据上述缔约方的法律，不允许使用例如“施工材料”这样的过于上位的名称，因为这样会使保护范围过于宽泛。因此，如果申请人在国际申请中指定了上述缔约方，建议用能明确理解产品用途的名称来说明产品（例如“窗户轮廓”），以避免国际申请因上述原因被驳回。

申请人还可指明这些外观设计所属的洛迦诺分类中的大类和小类。若同一件国际申请含有多项外观设计，所有这些外观设计应当属于洛迦诺分类的同一大类。

洛迦诺大类及小类并非必须填写，WIPO 国际局不会因为未填写分类号发出不规范通知书。然而，如果 WIPO 国际局发现同一国际申请的多项外观设计属于不同大类，这就属于必须改正的一种不规范情形。

第 9 栏：简要说明书（如适用）

原则上，简要说明书是任何国际申请均可包含的一项选填内容。如果提供了简要说明书，则其内容应与所提交的外观设计的独特视觉特征相关，或者对复制件的类型进行描述。例如，可用图例描述产品的某一具体视图（例如，“主视图”“俯视图”等）。简要说明书可以披露外观设计的操作或者可能的应用，但不能是对产品进行技术性的描述。如果简要说明书超过 100 个单词，对于超出 100 个单词之外的每个单词，应当缴纳 2 瑞士法郎的额外费。如果指定俄罗斯，建议提交关于外观设计特征的简要说明书。

根据 1999 年文本的规定，主管局是审查局的任何缔约方，以及为了使申请得到一个申请日，其法律要求申请文件中应当包含简要说明书的缔约方，可以通过声明的方式通知世界知识产权组织总干事。中国、罗马尼亚、叙利亚和越南已作出声明，通过 1999 年文本指定以上缔约方，国际申请文件中应当包括写明复制件或外观设计的设计特征的简要说明书。未能提交简要说明书的，将导致国际申请被视为不规范，且可能导致国际注册的延迟。DM/1 表和 eHague 系统均清楚地指出了哪些缔约方需要此种简要说明书。

简要说明书也可用于放弃对外观设计某些特征的保护。此外，出现在复制件中但并不要求获得保护的物体可以在简要说明书中予以指明（和/或者在复制件中以点线、虚线或者半透明颜色覆盖的方式标明）。

第 10 栏：外观设计复制件（图例）的说明（选填）

在第 10 栏中，可以标明图例的相应代码（例如，1 代表立体图、2 代表主视图）。如果填写“00”号代码，则可以在说明一栏填写其他图例（不得超过 50 个字符）。建议在指定中国、日本和/或者美国时提供图例。

第 11 栏：设计人的身份（如适用）

原则上，对设计人身份的说明是国际申请内容的可选项。但是，根据 1960 年文本和/或者 1999 年文本，该说明在某些情况下是强制性的。

根据 1960 年文本的规定，缔约方法律可以要求被指定时提供此项信息（无须向世界知识产权组织总干事作出相应的通知）。因此，只要根据 1960 年文本指定了该缔约方，国际申请中就应当说明设计人的身份。未作出此说明的，可能导致该缔约方主管局拒绝对该国际注册给予保护。但根据 1960 年文本的规定，关于提供设计人说明的要求不必通知世界知识产权组织总干事，因此 WIPO 国际局对此项并不进行审查。

根据 1999 年文本的规定，任何主管局是审查局的缔约方，根据其法律规定，需要对设计人的身份予以说明，方可使该国际申请获得申请日的，可以通过声明的方式通知世界知识产权组织总干事。因此，如果根据 1999 年文本指定巴西、芬兰、加纳、匈牙利、冰岛、毛里求斯、墨西哥、罗马尼亚和/或者美国，国际申请需对设计人的身份予以说明。

如果 1999 年文本缔约方的法律规定一项外观设计的注册申请，应当以该外观设计的设计人的名义提交，或者要求提供设计人的宣誓或者声明，可以将此事实通知世界知识产权组织总干事。巴西、芬兰、加纳、匈牙利、冰岛、毛里求斯和墨西哥已就此作出声明，要求国际申请以设计人的名义提交。因此，在国际申请中指定上述缔约方的，应在该栏中指明设计人身份。如果设计人不是申请人，还应当在该栏中声明该国际申请已由设计人转让给申请人，同时，声明设计人是该外观设计的设计人。DM/1 表和 eHague 系统均清楚地指出了哪些缔约方需要提供设计人说明。

当指定的缔约方已作出声明要求提供设计人宣誓或者声明时，国际申请应当附具设计人的宣誓或者声明，并应包括对设计人身份的说明。目前，只有美国作出了上述声明。就对美国的指定而言，DM/1 表的附件 I（参见“附件 I：设计人的宣誓或者声明”）和 eHague 系统均允许申请人提交一份设计人资格声明（或者如果无法提供此声明，则可以提供“替代声明”），这是在国际申请中指定美国的必要内容。对于包含多项外观设计的国际申请，应注意为要求保护的外观设计的每个设计人说明身份并提交宣誓或声明。

最后，缔约方的法律可能要求指明设计人身份。保加利亚、中国、日本、韩国、俄罗斯、塞尔维亚、塔吉克斯坦和土耳其对此有所要求。因此，建议指定上述缔约方的申请人声明设计人身份。但是，在国际程序中并非属于强制性说明，WIPO 国际局将不会审查这一要求是否得到满足。

第 12 栏：权利要求书（如适用）

如果国际申请中包括对美国或者越南的指定，则国际申请中必须包括美国或者越南根据 1999 年文本第 5 条第（2）款（a）项所作声明中规定的措辞，指定美国的措辞为“如图所示及所描述的某产品装饰性外观设计”（The ornamental design for [indicate an article] as shown and described），指定越南的措辞为“申请对如图所示及所描述的工业品外观设计的整体保护”（Application for overall protection for industrial design（s）as shown and described）。

如果未指定美国或者越南，则国际申请中可以不包括权利要求书。

第 13 栏：优先权要求（如适用）

可以根据《巴黎公约》第 4 条的规定要求在先申请的优先权。可以根据在《巴黎公约》缔约国或者在任何世界贸易组织成员提交的首次申请要求优先权。

根据《海牙协定》的规定，首次申请的国际注册也可作为后续国家、地区或者国际申请的优先权基础。

优先权要求应当在第 13 栏中指明。该优先权可能针对一项在先申请或者针对多项在先申请。

如果要求了优先权，必须指明提交在先申请的主管局名称或者申请国、在先申请号（如果有的话），以及在先申请日（按日、月、年的顺序填写）。对在先提交的国际申请的优先权要求，应指明 WIPO 国际局是在先申请的主管局，并用 WIPO 国际局分配的申请号确定在先申请号。如果主张多项在先申请的优先权且在表格提供的位置无法写全，则应当在第 13 栏中写明申请日期最早的申请，并在续页中写明所有其他在先申请的详细信息。

此外，如果在先申请的主管局作为“交存局”参加了 WIPO 数字查询服务（DAS），可以从该局获得查询码（DAS 码），并在第 13 栏中注明。

如果在先申请没有涉及国际申请中的所有外观设计，申请人应通过注明相关外观设计的号码来说明哪些设计享有优先权。如果第 13 栏中没有任何说明，WIPO 国际局将推定优先权要求涉及全部外观设计。WIPO 国际局将对申请日在国际申请日六个月之前的优先权主张不予采纳，并告知申请人。

优先权文件

优先权文件是在先申请的证明副本，可从提交在先申请的主管局获得。

WIPO 国际局不接受优先权文件，但指定中国、日本或者韩国，且用附件Ⅴ（或者 eHague 系统相应栏目）提交的优先权文件除外。不排除存在被指定缔约方的主管局要求申请人直接向其提交优先权文件的情况。

如果指定中国、日本或者韩国，并在第 13 栏中表明优先权要求，申请人可在第 13 栏勾选适当的选框，并通过 eHague 系统或者使用 DM/1 表的附件Ⅴ在提交国际申请时提供优先权文件副本。以这种方式提交的优先权文件副本，只能在提交国际申请时提交，且只用于支持指定中国、日本和/或者韩国的优先权要求。WIPO 国际局将收到的优先权文件副本以电子文件方式分发给国家知识产权局、日本特许厅和/或者韩国特许厅。如果在先申请的主管局作为“交存局”参加了 WIPO 数字查询服务（DAS），可以从该局获得查询码（DAS 码），并在第 13 栏中注明，因为国家知识产权局、日本特许厅和韩国特许厅都作为“查询局”参加了 DAS。如果用附件Ⅴ提交了优先权文件副本，或者在第 13 栏中填写了 DAS 码，则不需要向国家知识产权局、日本特许厅或者韩国特许厅提供优先权文件。

如果指定中国、日本和韩国，但既没有用附件Ⅴ提交优先权文件副本，也没有在第 13 栏中填写 DAS 码，则必须在国际申请在《国际公报》上公布之日起三个月内，直接向有关主管局提交优先权文件。如未能如期提交，将丧失优先权，并导致主管局可能驳回国际注册。指定日本和/或者韩国的，如果注册人未居住在指定缔约方，优先权文件必须通过当地代理人提交。

如果指定墨西哥，优先权文件必须在《国际公报》上公布国际注册之日起三个月内直接提交给墨西哥工业产权局。此外，必须在上述期限内向墨西哥工业产权局提交承认优先权要求的缴费证明，优先权文件使用另一种语言的，还要提交西班牙语译文。国际注册的注册人或者其代理人居住在国外的，可以直接向墨西哥工业产权局提交优先权文件，在这种情况下，必须提供一个在墨西哥的邮政地址以接收通知。如果优先权文件是通过代理人提交的，该代理人必须根据墨西哥法律确定其身份。

关于中国、日本、墨西哥和韩国，需要注意的是根据这些国家的国内法律规定，如果在先申请先于国际注册日公布，且未提交优先权文件，则国际注册可能会因缺乏新颖性的理由被驳回。

如果指定巴西但第13栏中未填写DAS代码，优先权文件必须在国际注册在《国际公报》上公告之日起九十天内直接提交给巴西国家工业产权局，同时缴纳优先权要求费。此外，优先权文件如果使用其他语言，必须附有葡萄牙语译文，并声明国际申请的内容在优先权文件中有如实反映。如果注册人居住在国外，必须通过当地代理人向巴西国家工业产权局提交优先权文件。

就美国而言，如果第13栏中未填写DAS代码，必须在外观设计专利审查期间向美国专利商标局提交优先权文件，而且应在缴纳授权费（美国单独指定费第二部分）之日或者之前提交。如果在单独指定费第二部分的缴费日期之后提交优先权文件，外观设计专利将不含优先权请求，除非根据美国的法律对此进行更正。提交优先权文件应附具首页，确认优先权文件指向的是该国际注册。上述首页必须由在美国专利商标局注册执业的专利从业人员或者申请人签字，该申请人不能是法人。

此外，若指定俄罗斯或者土耳其，必须在国际注册在《国际公报》上公布之日三个月内直接向俄罗斯联邦知识产权局或者土耳其专利商标局提供优先权文件，以支持优先权要求。如果未在上述三个月期限内提交优先权文件，优先权要求将被忽略。就俄罗斯而言，提交优先权文件时，应附上一封说明文件所针对的国际注册的信函。向俄罗斯联邦知识产权局提交优先权文件无须当地专利代理人。就土耳其而言，如果优先权文件使用不同语言，则必须附有土耳其语译文。若注册人居住在国外，则必须通过当地代理人向土耳其专利商标局提交优先权文件。

WIPO 数字查询服务（DAS）

WIPO 数字查询服务（DAS）是允许参与该项服务的知识产权局之间安全交换优先权文件的电子系统。如果在先申请的受理局作为“交存局”参加了该服务，则可以向该局索取一个查询码（DAS 码）。如果被指定缔约方的主管局作为“查询局”也参加了服务，则申请人可在此栏填写查询码，使后一个局能够通过 DAS 系统查询优先权文件。关于 DAS 的更多信息及其参与局，请见世界知识产权组织网站。

关于优先权要求的进一步国家规定

根据中国法律，如果优先权文件中的申请人名称与国际注册中注册人的名称不一致，后者必须在《国际公报》公布该国际注册之日起三个月内向国家知识产权局提交相关证明文件。

根据以色列法律，申请人主张在先申请享有优先权的，不能享受单独指定费的减费。

第 14 栏：国际展会（如适用）

根据《巴黎公约》第 11 条的规定，可以对在某些展览会上展出的外观设计主张临时保护。如果打算在该国际申请中主张展览会的优先权，申请人应当在 DM/1 表第 14 栏中提供所有相关信息。

如果进行了展出，申请表必须说明展览的地点、该产品首次展出的日期以及展出的每项外观设计的号码。如果该优先权主张不涉及国际申请中的全部外观设计，申请人应指明那些主张展览会优先权的外观设计。如果没有指明任何外观设计，WIPO 国际局将推定全部外观设计都在该展览会上进行展出。

第 15 栏：不丧失新颖性的例外（如适用）

第 15 栏允许申请人在指定中国、日本或者韩国时，作出不丧失新颖性例外的声明。要求申请人指明要求享受相关缔约方法律所赋予的不丧失新颖性例外对待的外观设计。

证明文件必须使用附件Ⅱ连同国际申请一起提交，或者直接提交给国家知识产权局、日本特许厅或者韩国特许厅。WIPO 国际局将把收到的证明文件作为申请的一部分发送至国家知识产权局、日本特许厅或者韩国特许厅。

注册人直接向国家知识产权局、日本特许厅或者韩国特许厅提交证明文件的，应在上述审查局规定的期限内提交，如果注册人为外国人，应通过本地代理人提交。就指定中国的国际注册而言，国家知识产权局要求自国际注册公布之日起两个月内直接向其提交证明文件。就指定日本的国际注册而言，日本特许厅要求须在国际注册公布之日起三十天内直接提交证明文件。就指定韩国的国际注册而言，证明文件应在国际注册公布之日起三十天内，或者在向韩国特许厅申请注册期间（即在发出给予保护声明或者最终驳回之前）直接向韩国特许厅提交。

需要指出的是，关于不丧失新颖性例外的声明可能影响申请人在其他缔约方的权利。

第 16 栏：基本设计或者关联外观设计（如适用）

第 16 栏适用对中国、日本和韩国的指定。

中国：基本设计

指定中国的国际申请只能包含一项外观设计，但同一产品两项以上的相似外观设计，或者用于成套出售或者使用的产品的两项以上外观设计，可以作为一件申请提出。此外，如果国际申请中包含同一产品的两项以上相似外观设计，则外观设计的总数不能超过 10 项，并且申请人应当指定其中一项作为“基本设计”，其他所有设计应与之相似。

关于其他外观设计是否与基本设计相似的审查将由国家知识产权局进行。如果国家知识产权局以外观设计缺乏单一性为由发出驳回通知，国际注册的注册人可以在答复中通过修改国际注册文本来克服缺陷。

日本和/或者韩国：基本外观设计和关联外观设计

日本和韩国的法律规定了关联外观设计制度。在日本和韩国，一项外观设计可以作为与另一项外观设计相似的关联外观设计注册，后者被视为基本外观设计，条件是两项外观设计属于同一个申请人/注册人。未满足条件可能导致相关审查局以与在先设计过于相似为由驳回后续的外观设计。

如果基本外观设计与后续的关联外观设计不属于同一件国际申请，申请人必须在规定期限内提交要求保护的后续关联外观设计的国际申请。根据日本的法律规定，申请人需在含有基本外观设计的国家申请或者国际注册日期（要求优先权的，从在先申请的优先权日起算）起十年届满前提交关联设计；根据韩国的法律规定，申请人需在基本外观设计的国内申请或者国际申请提交之日起一年内提交关联设计。

日本特许厅和韩国特许厅将分别对一项外观设计是否可被注册为关联外观设计进行审查。如果主管局以未指明或者错误指明基本外观设计为由发出驳回通知，注册人可以在对该局的答复中要求补充或者取消指明的基本外观设计，以克服上述驳回理由。

第 17 栏：国际注册的公布（选填）

标准公布

除非申请人另有请求，默认公布是在国际注册日之后十二个月进行（“标准公布期”），两个例外的情形是，申请人请求立即公布或者选定时间公布。

立即公布

申请人可以在第 17 栏的选框内勾选，请求立即公布。对于一些国际申请而言，立即公布可能更有好处，例如，根据某些缔约方的法律，国际注册产生的权利只有在公布后才能行使。

选定时间公布

申请人可以在第 17 栏的选框内勾选，请求选定时间公布，并指明选择公布的时间（指明自申请日起算的月数）。

申请人可以请求在十二个月的标准公布期之前公布。

申请人也可以请求将公布日期延迟至标准公布期之后，可能的最长延迟期限取决于国际申请中指定的缔约方。DM/1 表和 eHague 系统均清楚地指出了对某些缔约方可以要求的延迟期限。

第 18 栏：单独指定费的减费（如适用）

以色列、墨西哥和美国已根据 1999 年文本第 7 条第（2）款作出声明，对于指定这些国家的国际申请，标准指定费应当由单独指定费取代。以色列、墨西哥和美国是唯一规定对某些申请人减免单独指定费的缔约方。

指定以色列且符合以下条件的申请人可以享受单独指定费的减费：①自然人；②年收入不超过《以色列外观设计条例》规定数额的“小型实体”；③以色列法律承认的高等教育机构。国际申请包含优先权要求的，不适用减费。要享受以色列单独指定费减免，申请人必须在相关选框中勾选。

指定墨西哥且符合以下条件的申请人可享受单独指定费的减费：①设计人为自然人；②微型或者小型实体；③公立或者私立高等教育机构；④公共科学或者技术研究机构。为享受墨西哥单独指定费的减免，申请人必须在相关选框内勾选。墨西哥在声明指出，根据《共同实施细则》第 12 条第（3）款的规定，单独指定费包括两部分。

美国的声明规定了具有下述资格的申请人可享受单独指定费的减费：①符合《美国法典》第 35 编第 41 条和《小企业法》第 3 条及美国专利商标局定义的小型企业地位；②《美国法典》第 35 编第 123 条和美国专利商标局定义的“微型实体”。要享受美国单独指定费的减免，申请人可以勾选“小型企业”的相应选框。如果申请人勾选了微型实体选框，则必须提交 PTO/SB/15A 或者 PTO/SB/15B 微型实体证明表（可以使用“附件Ⅳ：美国单独指定费的减费”）。根据《共同实施细则》第 12 条第（3）款的规定，美国在声明中要求单独指定费由两部分组成。

第 19 栏：签名

DM/1 表可以由申请人或者其代理人签名（或者由代为将国际申请提交给 WIPO 国际局的主管局签署）。无论哪种情况，都应当单独写明签字人的名称。建议使用文本字符签名（例如/John Doe/）。签名可以手写、印刷、盖章、打字或者以其他电子形式（图像、数字或者计算机生成）。

使用 eHague 系统以电子认证代替签名的，应使用账户持有人的用户名和密码进行电子认证。

费用的缴纳

费用计算表之前的缴费页面中，可以填写以下内容：

1. 授权从在世界知识产权组织开立的往来账户中扣除所需费用（写明账

户所有人的名称、账户号码以及授权者的身份）。不必填写有关费用的数额。这种缴费方式的好处是可以避免缴费不规范的情况出现。

2. 向世界知识产权组织邮政账户或者世界知识产权组织银行账户进行银行转账，或者通过接受间接缴款的主管局缴费（两种情况都要写明付款方和缴费数额）。

3. 写明申请人先前向 WIPO 国际局缴纳的款项，并希望用于国际申请。在这种情况下，必须要填写付款方的身份（银行账户所有人名称）以及世界知识产权组织收据号。

使用 eHague 系统时，可以通过在线缴费系统向 WIPO 国际局缴费，该系统根据用户账户配置提供多种付款方式。

应缴费用

国际申请应缴费用包括：

基本费；标准指定费（一级、二级或者三级）或者单独指定费（参见“单独指定费”）；公布费（包括公布每项复制件应当缴纳的费用，以及如果这些复制件是以 A4 纸提交，除首页之外的其他每页需要缴纳的费用）。

为最不发达国家（LDC）申请人减费

对于申请资格来自联合国所列的最不发达国家（LDC），或者来自主要成员国是最不发达国家的政府间组织的申请人所递交的国际申请，向 WIPO 国际局缴纳的费用为应缴数额的 10%（与总数额相比）。此项减免还适用于那些由其申请资格并非仅来自该政府间组织的申请人所递交的国际申请，条件是，申请人的其他资格来自最不发达国家的缔约方，或者，如果缔约方不是最不发达国家，而是前述政府间组织的成员国，并且该国际申请仅受 1999 年文本约束。如果有多个申请人，每个申请人都应当满足以上条件。费用减至 10%，还适用于相同情况下的标准指定费。

除非要求延迟公布，国际申请的上述费用应当在提交国际申请时缴纳，要求延迟公布的国际申请，其公布费可以随后再交（参见“延迟公布的后果”）。这种情况下，申请人应当在缴费页面中勾选适当选项。

分两部分缴纳单独指定费（仅适用于对墨西哥和美国的指定）

根据 1999 年文本第 7 条第（2）款，依据《共同实施细则》第 12 条第

（3）款的规定，墨西哥和美国的单独指定费由两部分组成。声明还规定了对某些申请人单独指定费的第一部分和第二部分的减免数额。

第一部分单独指定费要在国际申请时缴纳。只有当墨西哥工业产权局或者美国专利商标局确信国际注册的外观设计符合保护条件，即外观设计可以获得保护时，才会要求申请人缴纳第二部分费用。因此，第二部分费用缴纳的时间较晚。

第二部分单独指定费的应缴日期将以通知的形式告知注册人。墨西哥工业产权局将通过 WIPO 国际局，就每项有关的国际注册向注册人发出批准和付款通知。美国专利商标局将通过此前所留的联系人地址和 WIPO 国际局两种方式，将批准和付款通知直接发送给注册人。

墨西哥工业产权局的批准和付款通知中列出了有关费用支付和注册人身份的详细信息。美国专利商标局的批准和付款通知列出了关于缴付费用、目前经济状况和怎样更改经济状况的详细信息。此外，WIPO 国际局将向国际注册的代理人发信（如果没有向 WIPO 国际局指定代理人，将向国际注册的注册人发信），就缴纳第二部分单独指定费进行指导，并指明第二部分费用的应缴日期。

注册人在收到批准和付款通知后，可以直接向有关主管局缴费：用墨西哥比索向墨西哥工业产权局缴费、用美元向美国专利商标局缴费，或者以瑞士法郎向 WIPO 国际局缴费。WIPO 国际局仅接收与有关主管局发出的批准和付款通知中写明的注册人情况完全一致的费用。因此，如果注册人情况在发出批准和付款通知后发生了更改，其应直接向有关主管局缴费。

通过 WIPO 国际局缴费的，WIPO 国际局将在国际注册簿上登记付款，并通知有关主管局。WIPO 国际局不向代理人/注册人发送付款确认书。

WIPO 国际局不接受延迟付费。如果通过 WIPO 国际局缴纳第二部分单独指定费，根据《共同实施细则》第 27 条第（5）款（a）项，缴费日期为 WIPO 国际局收到所需款额的日期。例如，在通过银行或者邮局转账付费的情况下，缴费日期为世界知识产权组织银行或者邮局账户收到所需款额的日期。如果费用延迟缴纳，所有已缴的费用将被退还。

如果未在批准和付款通知规定的期限内向 WIPO 国际局或者有关局全额

缴付第二部分单独指定费，该局可依据《共同实施细则》第 12 条第（3）款（d）项，要求注销该国际注册对墨西哥或者美国的指定。WIPO 国际局随之将分别注销在国际注册簿上对墨西哥或者美国的指定，并向注册人的代理人通报该注销事项，在没有代理人的情况下，向国际注册的注册人通报。注销事项将在《国际公报》上公布。

在《共同实施细则》的费用表中，列出了基本费、标准指定费以及公布费的数额。关于单独指定费，用户应查询《海牙协定单独费用表》，表中列出了单独指定费的详细内容和更新情况。

在 eHague 系统中，费用计算器可根据申请人输入的数据，自动计算并显示其应缴费用。

附件 I

《共同实施细则》第 8 条第（1）款（a）项第（ii）目所规定的设计人的宣誓或者声明

重要事项

1. 若指定**美国**的国际申请，本附件为必填内容。
2. 根据《共同实施细则》第 8 条第（1）款（a）项第（ii）目的规定，本附件可用于提交设计人的宣誓或者声明，或者在无法提供此类声明的情况下提交替代声明。请为 DM/1 表第 11 栏中所填写的每位设计人提交声明或者替代声明。
3. 声明和替代声明要求签字人声明对“要求保护的外观设计”的设计权。关于“要求保护的发明”的更多信息，请参阅《海牙体系指南》中国际申请—第 12 栏。
4. 本附件也适用于希望提交替代文件，且知晓该替代文件是根据美国规定被视为有效的设计人宣誓或者声明的申请人。
5. 有关设计人宣誓或者声明的详细信息，请访问 USPTO 网站：https://www.uspto.gov/sites/default/files/forms/aia_oathdecl_guide.pdf。
6. 在提交带有上述声明/替代声明/替代文件的国际申请时，本附件必须随 DM/1 表一起提交。
7. 请给你的页面编号。

供申请人使用

本附件涉及申请人提交的下列国际申请：

编号：

供 WIPO 使用

文件类型：DDO

缔约方：US

根据共同实施细则第 8 条第（1）款（a）项第（ii）目的声明

页数（包括封面）：

附件 I—设计权声明

指定美国的设计权声明

我在此声明，我确信我是本申请中声称的发明的原设计人或者原共同设计人。

本声明针对的是所附的国际申请（如果将声明与申请一起提交）。

本声明针对的国际申请：

（如果在提交申请后再提交声明，声明必须通过 WIPO 国际局或者缔约方分配的申请号或者申请人提交申请时的参考号来确定国际申请）。

本人特此声明，上述国际申请由本人提出或者授权提出。

我在此承诺，根据《美国法典》第 18 编第 1001 条，本声明中的任何故意的虚假陈述都将被处以罚款或者不超过 5 年的监禁，或者两者并罚。

设计人姓名：

设计人签名：

签名必须是设计人的签名，而不是代理人的签名。

日期（选填）：

居住地：（仅当设计人居住地与国际申请中记载的邮寄地址不一致时才需要填写）

城市：

美国州（如适用）：

国家：

附件 I—替代声明（1/2）

用替代声明代替指定美国的设计人声明

本声明针对：

○ 所附国际申请

或者

○ 国际申请：

（如果在提交申请后再提交声明，声明必须通过 WIPO 国际局或者缔约方分配的申请号或者申请人提交申请时的参考号来确定国际申请）。

本替代声明适用的设计人姓名：

住所：（如果设计人居住地与国际申请中记载的邮寄地址一致、设计人已故或者在法律上无行为能力，则不需要）

城市：

美国州（如适用）：

国家：

我在此声明，我确信我是本申请中声称的发明的原设计人或者原共同设计人。

本人特此声明，上述国际申请由本人提出或者授权提出。

我在此承诺，根据《美国法典》第 18 编第 1001 条，本声明中的任何故意的虚假陈述都将被处以罚款或者不超过 5 年的监禁，或者两者并罚。

与适用于本替代声明的设计人的关系：

○ 法定代表人（仅适用于已故或者无法律行为能力的设计人）

○ 受让人

○ 设计人有义务转让的人

○ 以其他方式表明对该设计拥有所有权的人（需要根据《美国联邦法规》第 37 篇第 1.46 章提出申请，并应在国际注册发布后直接提交给美国专利商标局），或者

○ 共同设计人

附件 Ⅰ—替代声明（2/2）

允许使用本替代声明的情况：

○ 设计人已故

○ 设计人无法律行为能力

○ 经尝试后无法找到或者联系到设计人，或者

○ 设计人拒绝执行《美国联邦法规》第 37 篇第 1.63 章的宣誓或者声明

执行替代声明的人员

姓名：

日期（选填）：

签名：

签署替代声明的一方必须是申请人。如果申请人是法人，请在下面列出申请人的姓名和签名人的头衔。

申请人名称：	
执行本替代声明的人的头衔：	
	签字人（其头衔见上文）有权代表申请人行事。
签字人的住所：	（如果签名人的邮寄地址记载在国际申请中或者在下文中指明，并且签名人居住地与邮寄地址一致，则不需要）
城市：	
美国州（如适用）：	
国家：	
签名人的邮寄地址：	（如果记载在国际申请中，则不需要）
城市：	
美国州（如适用）：	
邮编：	
国家：	

附件Ⅰ填写说明

附件Ⅰ是指定美国的国际申请的必要内容，申请人若采用表格方式提交申请，附件Ⅰ必须随DM/1表一起提交；申请人若采用电子申请方式提交，eHague系统会自动验证国际申请中是否指定美国并相应地提醒申请人，eHague系统会提供附件Ⅰ。

附件Ⅰ提供设计权声明，若无法提供该声明，也可选择替代声明。根据《美国联邦法规》第37篇第1.63章和第37篇第1.64章，设计权声明和替代声明必须有“签名”。《美国联邦法规》第37篇第1.4章列出了对文件中“签名”的要求：设计人或者执行替代声明的人可以采用两个斜杠之间加文本字符串的形式签名，如“设计人姓名”，或者采用手写签名；如果有多个设计人，则每一个设计人都必须在声明上签名。

需要注意的是，“设计人”必须与 DM/1 表第 11 栏或者 eHague 系统相关栏目中指明的“设计人”相同。

附件 Ⅱ

根据《行政规程》第 408 条（c）项第（ii）目提出不丧失新颖性例外声明的证明文件

重要事项

1. 本附件可用于向国家知识产权局（CNIPA）、日本特许厅（JPO）和/或者韩国特许厅（KIPO）提交关于不丧失新颖性例外的证明文件（参见 DM/1 表第 15 栏）。
2. 本附件必须随 DM/1 表一起提交，不能单独提交。
3. 无论指定哪些缔约方，只需要提交一份不丧失新颖性例外的声明。
4. 需注意，不丧失新颖性例外的声明可能会影响申请人在其他地区的权利。申请人有责任确保其权利得到保护。
5. 有关指定日本的程序的更多信息，请访问 JPO 官方网站。
6. 请给你的页面编号。

供申请人使用

本附件涉及申请人提交的下列国际申请：

编号：

供 WIPO 使用

文件类型：DDD

关于不丧失新颖性例外的证明文件

在 DM/1 表第 15 栏中要求不丧失新颖性例外的证明文件涉及以下外观设计：

○ 全部外观设计，或者
○ 以下外观设计：

指明设计编号

页数（包括封面）：

附件Ⅱ填写说明

附件Ⅱ属于非强制性内容，仅适用于指定中国、日本或者韩国的国际申请。申请人可以在DM/1表的第15栏就不丧失新颖性例外作出声明。证明文件需附在附件Ⅱ，并填写正确的页数。WIPO国际局会将收到的任何文件以电子方式发送至国家知识产权局、日本特许厅和/或者韩国特许厅。

申请人并非必须在提交国际申请时附具证明文件。但如果未在提交国际申请时附具证明文件，证明文件应按照缔约方的法律直接提交给有关缔约方主管局。

附件Ⅲ

根据《共同实施细则》第 7 条第（5）款（g）项和《行政规程》第 408 条（d）项有资格获得保护的信息

重要事项

1. 本附件是非强制性的，可用于根据《共同实施细则》第 7 条第（5）款（g）项提交一份声明，用于提交列出申请人已知有关外观设计有资格获得保护的信息的声明。
2. 本附件仅与指定美国相关，可用于提交信息公开声明和相关随附文件。请注意，信息公开声明也可以直接向美国专利商标局（USPTO）提交。
3. 信息公开声明表（SB08a/SB08b/SB08a EFS web）可在 USPTO 网站上获得：www. uspto. gov/forms/aia_forms. jsp。
4. 有关信息披露声明的详细信息，请访问 USPTO 网站：www. uspto. gov/web/offices/pac/mpep/s609. html。
5. 本附件必须随 DM/1 表一起提交，不能单独提交。
6. 请给你的页面编号。

供申请人使用

本附件涉及申请人提交的下列国际申请：

编号：

供 WIPO 使用

文件类型：DDP

缔约方：US

有资格获得保护的信息

页数（包括封面）：

附件Ⅲ填写说明

附件Ⅲ仅涉及对美国的指定，属于非强制性内容，用于提交申请人已知有关外观设计有资格获得保护的信息的声明。该附件必须随 DM/1 表一起提交，不能单独提交。eHague 系统提供附件Ⅲ。

用于提交“信息公开声明”和美国国内法规定的相关随附文件。

根据美国法律，“坦白义务”是为了向美国专利商标局的审查提供协助，强制申请人公开其所知道的妨碍他们获得有效权利的任何信息。因附件Ⅲ仅用于对美国的指定，所以建议提交英文文件。

“信息公开声明”表格可在美国专利商标局网站上获得。该表格也可在提交国际申请后直接提交给美国专利商标局。

附件 Ⅳ

根据《行政规程》第 408 条（b）项美国单独指定费的减费

重要事项

1. 本附件仅与指定美国有关，如果申请人以 DM/1 表中的小微企业地位提交申请，则必须随申请提交本附件。本附件不能单独提交。
2. 本文件是根据《行政规程》第 408 条（b）项规定提交的证明文件。
3. 证明文件的表格（PTO/SB/15A 或者 PTO/SB/15B）及其填写和签名说明可在 USPTO 网站上获得：www.uspto.gov/forms/aia_forms.jsp。
4. 请给你的页面编号。

供申请人使用

本附件涉及申请人提交的下列国际申请：

编号：

供 WIPO 使用

文件类型：DDE

缔约方：US

单独指定费的减费

页数（包括封面）：

附件Ⅳ填写说明

附件Ⅳ属于非强制性内容，用于申请人提供小微企业证明文件来支撑其声称的小微企业地位（DM/1 表第 18 栏），以便在指定美国时享受单独指定费的减费。附件Ⅳ须随 DM/1 表一起提交，不能单独提交。eHague 系统提供附件Ⅳ。

《美国联邦法规》第37篇第1.29章列出对小微企业地位资格的要求，并在《审查程序手册》第509.04节中予以详细说明。

如果申请人在DM/1表第18栏中声称“小微企业地位”，则附件Ⅳ必须提交。eHague系统会自动判断申请人是否指定美国且声称小微企业地位，并提醒申请人应附具完整的、带有签章的小微企业地位证明文件。

证明文件的表格连同填写和签名的说明均可在美国专利商标局网站上获得。

附件 V

根据《巴黎公约》第 4 条提出的关于优先权要求的证明文件

重要事项

1. 本附件可用于向国家知识产权局（CNIPA）、日本特许厅（JPO）和/或者韩国特许厅（KIPO）提交优先权要求的证明文件（优先权文件）（参见 DM/1 表第 13 栏）。
2. 本附件必须随 DM/1 表一起提交，不能单独提交。
3. 无论指定哪些缔约方，每个优先权声明只提交一份文件。
4. 如果优先权文件未与 DM/1 表一起提交，则应直接提交给 CNIPA、JPO 和/或者 KIPO。在这种情况下，优先权文件必须在《国际公报》上公布国际注册之日起三个月内提交给有关主管局。如果注册人居住在国外，则必须通过委托当地代理人提交。如果未在此期限内提交优先权文件，申请人将丧失优先权。
5. 有关指定日本的程序的更多信息，请访问 JPO 官方网站。
6. 请给你的页面编号。

供申请人使用

本附件涉及申请人提交的下列国际申请：

编号：

供 WIPO 使用

文件类型：DDY

优先权证明文件

DM/1 表第 13 栏中要求优先权的证明文件涉及以下外观设计：

○ 全部外观设计，或者

○ 以下外观设计：

指明设计编号

页数（包括封面）：

附件Ⅴ填写说明

附件Ⅴ可用于提交指定中国、日本或者韩国时的优先权要求的证明文件(优先权文件)。本附件应随DM/1表一起提交，不能单独提交。WIPO国际局收到的任何优先权文件都将以电子方式发送给有关被指定缔约方的主管局。

申请人也可以在国际注册公布之日起三个月内，直接向国家知识产权局、日本特许厅和/或者韩国特许厅提交优先权文件。如果申请人定居国外，则文件必须通过当地代理人提交。如果优先权文件未在上述时限内提交，申请人将丧失优先权。

附录三 《专利法实施细则》第十二章

第十二章 关于外观设计国际申请的特别规定

第一百三十六条 国务院专利行政部门根据专利法第十九条第二款、第三款规定，处理按照工业品外观设计国际注册海牙协定（1999 年文本）（以下简称海牙协定）提出的外观设计国际注册申请。

国务院专利行政部门处理按照海牙协定提出并指定中国的外观设计国际注册申请（以下简称外观设计国际申请）的条件和程序适用本章的规定；本章没有规定的，适用专利法及本细则其他各章的有关规定。

第一百三十七条 按照海牙协定已确定国际注册日并指定中国的外观设计国际申请，视为向国务院专利行政部门提出的外观设计专利申请，该国际注册日视为专利法第二十八条所称的申请日。

第一百三十八条 国际局公布外观设计国际申请后，国务院专利行政部门对外观设计国际申请进行审查，并将审查结果通知国际局。

第一百三十九条 国际局公布的外观设计国际申请中包括一项或者多项优先权的，视为已经依照专利法第三十条的规定提出了书面声明。

外观设计国际申请的申请人要求优先权的，应当自外观设计国际申请公布之日起 3 个月内提交在先申请文件副本。

第一百四十条 外观设计国际申请涉及的外观设计有专利法第二十四条第（二）项或者第（三）项所列情形的，应当在提出外观设计国际申请时声明，并自外观设计国际申请公布之日起 2 个月内提交本细则第三十三条第三款规定的有关证明文件。

第一百四十一条 一件外观设计国际申请包括两项以上外观设计的，申请人可以自外观设计国际申请公布之日起 2 个月内，向国务院专利行政部门提出分案申请，并缴纳费用。

第一百四十二条 国际局公布的外观设计国际申请中包括含设计要点的说明书的，视为已经依照本细则第三十一条的规定提交了简要说明。

第一百四十三条 外观设计国际申请经国务院专利行政部门审查后没有发现驳回理由的，由国务院专利行政部门作出给予保护的决定，通知国际局。

国务院专利行政部门作出给予保护的决定后，予以公告，该外观设计专利权自公告之日起生效。

第一百四十四条 已在国际局办理权利变更手续的，申请人应当向国务院专利行政部门提供有关证明材料。